铁基非均相催化剂性能研究及应用

Performance Research and Application of Iron-Based Heterogeneous Catalysts

孙秀萍

著

化学工业出版社

·北京·

内 容 简 介

本书以铁基非均相催化剂的合成及其在高级氧化领域去除水中难降解有机污染物的研究为主线，主要涵盖了铁基非均相催化剂的制备、表征、性能研究、催化反应机理及应用等方面的内容，探究了铁基非均相催化剂对难降解有机污染物的去除性能，并结合系列表征，旨在掌握催化剂结构与有机污染物降解性能的规律，调控并优化提高铁基非均相催化剂的催化效率和稳定性。通过丰富的案例，展示了铁基非均相催化剂的广泛应用性。

本书内容丰富新颖、结构科学清晰、语言通俗易懂，可供催化、水处理等领域的科研人员、工程技术人员及管理人员参考，也可供高等学校环境科学与工程、化学工程、材料工程及相关专业师生参阅。

图书在版编目（CIP）数据

铁基非均相催化剂性能研究及应用／孙秀萍著．——
北京：化学工业出版社，2024.6

ISBN 978-7-122-36439-5

Ⅰ．①铁…　Ⅱ．①孙…　Ⅲ．①铁系化合物-非均相-催化剂-性能-研究　Ⅳ．①O643.36

中国国家版本馆 CIP 数据核字（2024）第 076675 号

责任编辑：刘　婧　刘兴春　　　文字编辑：李　静　王云霞
责任校对：李露洁　　　　　　　装帧设计：张　辉

出版发行：化学工业出版社
　　　　　（北京市东城区青年湖南街 13 号　邮政编码 100011）
印　　装：北京科印技术咨询服务有限公司数码印刷分部
710mm×1000mm　1/16　印张 12　彩插 3　字数 203 千字
2024 年 8 月北京第 1 版第 1 次印刷

购书咨询：010-64518888　　　售后服务：010-64518899
网　　址：http://www.cip.com.cn

前言

　　高级氧化技术是一种新兴的废水处理技术，其核心是强氧化剂在催化剂作用下，将废水中的大分子难降解有机物氧化成小分子物质甚至最终将其矿化为二氧化碳和水，从而使废水得以净化。高级氧化深度去除微污染物的研究关乎日常生活中的水环境污染问题。在高级氧化废水处理中，催化剂的作用尤为突出。催化剂是化学反应中的重要组成部分，可以改变反应速率和反应选择性，从而使一些有害有毒的物质得以转化为无害无毒的物质。其中，铁基非均相催化剂是一种重要的催化剂，具有成本低廉、制备方法简单、催化活性高、选择性好等优点，但现有催化剂的催化效率和稳定性仍需进一步提高。因此，深入研究和改进铁基非均相催化剂的性能，对于污水高效绿色处理具有深远影响，已成为化学领域的重要课题。

　　铁基非均相催化剂的制备过程比较复杂，而且其催化机理和应用方面的问题也需要进一步研究。因此，笔者团队制备了不同成分和结构的铁基非均相催化剂，围绕其在高级氧化废水处理中的性能展开研究，旨在为铁基非均相催化剂的优化设计和实际应用提供理论指导和技术支持。

　　本书共分8章。第1章主要介绍了高级氧化技术、非均相高级氧化技术及铁基非均相催化剂在污水处理方面的研究现状；第2章主要介绍了铁基非均相催化剂的表征方法、性能测试、评价指标及毒性评估等；第3～第7章分别探讨了不同铁基非均相催化剂的性能及其在不同高级氧化技术中的应用，主要包括投加型催化剂如镍铁基催化剂、钴铁基壳聚糖碳化微球催化剂，负载型催化剂如钴铁基碳纳米管泡沫镍复合阴极、铜铁基活性炭纤维复合阴极、钴铁基石墨毡复合阴极；第8章介绍了铁基催化剂的性能比较及展望。本书结合最新的研究成果和实验数据，深入探讨了铁基非均相催化剂的制备方法、结构表征、性能评价等方面的问题；此外，还介绍了铁基非均相催化剂在使用高级氧化技术处理难降解有机废水中的应用实例，为读者提供了参考。这些内容旨在帮助读者更好地理解不同铁基非均相催化剂的表面形貌、晶体结构、元素组成等，以及其在高级氧化体系中发挥的催化性能和影响因素。铁基非均相催化剂在制备方法、结构表征、性能评价等方面取得了许多重要进展，这些进展不仅有助于我们更好地理解铁基非均相催化剂的催化机理，也为实际应用提供了更多的可能性。通过深入探讨铁基非均相催化剂的性能及应用，我们可以更好地理解这一重要的催化反应过程。

　　本书内容深入浅出，使复杂的理论问题变得易于理解；同时，本书将理论与应用结合，兼具学术价值和实践指导意义。本书的出版受到了烟台大学科研启动基金（TM22B211）和烟台大学实验室开放基金（120402）的资助。感谢在完成本书的过程中给予无私帮助的专家学者和同行，他们的建议和指导使本书更加完善，更具深度。

　　限于著者水平及撰写时间，书中不足和疏漏之处在所难免，敬请读者提出修改建议。

孙秀萍

2023 年 12 月

目 录

第1章

概述

1.1　高级氧化技术

高级氧化技术（AOPs）又称作深度氧化技术，最早由 Glaze[1] 于 1987 年提出，其具体原理是利用光、电、磁、声、光辐照、催化剂等物理和化学反应过程中产生的具有强氧化性的活性中间体羟基自由基（·OH）来降解废水中的难降解污染物，使大分子难降解有机物氧化成低毒或无毒的小分子物质。·OH 具有比一般强氧化剂更高的氧化电位（2.8eV），因此具有氧化能力强、无选择性、反应彻底的特点。AOPs 具有反应彻底、产生二次污染少、反应速度快和处理效率高等优点，在处理印染、制革、电镀、农药、制药废水和垃圾渗滤液等高毒性难降解废水方面具有很大的优势。根据产生自由基方式的不同，AOPs 可以分为臭氧氧化技术、芬顿氧化技术、电化学氧化技术、光催化氧化技术和过硫酸盐氧化技术等。

1.1.1　臭氧氧化技术

臭氧氧化技术是应用于污水处理最常见的 AOPs 之一。臭氧（O_3）用于水处理的历史可以追溯到 20 世纪初，Rice 等[2] 在 1906 年首次将 O_3 应用于饮用水消毒处理。随后，臭氧氧化技术便被广泛用于饮用水的深度处理，以期达到消毒、除臭除味、氧化降解有机污染物以及减少消毒副产物形成等目的。O_3 作为一种强氧化剂，可以在较宽的 pH 值范围内氧化水体中的大部分有机和无机污染物。臭氧氧化技术主要有直接氧化反应和间接氧化反应两种方式。

① 直接氧化反应是指 O_3 与有机污染物之间发生的氧化反应，直接氧化法具有高度选择性，通常 O_3 攻击具有可还原双键的有机污染物。当臭氧直接氧化法应用于不饱和脂肪族和芳香族化合物时，效率相对更高。

② 间接氧化反应是指臭氧在水中分解形成 ·OH，以更强的氧化活性参与氧化反应。

目前，产生 O_3 的方法主要是介质阻挡放电法，但由于生产设备复杂和制造成本高，并未实现大规模应用。臭氧氧化技术具有较强的氧化能力，不会造成二次污染，但还存在利用率差、处理效果不稳定、能耗高、工艺成本高和技术不完善等问题。要实现臭氧氧化技术的应用关键在于提高 O_3 产生效率和降低能源消耗。当 O_3 单独氧化复杂的有机污染物时效果不显著，很难完全降解有机污染物。

因此，臭氧氧化技术常与其他技术结合使用。

1.1.2　芬顿氧化技术

芬顿（Fenton）氧化技术是利用过氧化氢（H_2O_2）和亚铁离子（Fe^{2+}）组成的芬顿试剂在溶液中发生氧化还原反应，形成具有强氧化性的 ·OH，从而实现有机污染物去除的方法。·OH 是一种具有强氧化性的自由基，氧化电位为 2.8eV，能够氧化各种难降解有机污染物。传统芬顿氧化技术在污水处理中的应用研究表明，酸性条件下其对污染物的降解最有效，适用的溶液 pH 值范围为 $2\sim4$[3]，当溶液 pH 值过高时，铁离子（Fe^{3+}）会发生沉淀反应形成氢氧化铁，也就是常说的铁泥，造成水体的二次污染。然而，铁泥的形成是无法避免的，这些副产品需要在降解过程结束后进行特殊处理。传统芬顿氧化技术存在的主要缺点有：a. 需要外部投加大量的亚铁盐和 H_2O_2，导致成本增加；b. 形成的铁泥需要额外的后处理装置；c. 适用 pH 值范围窄，在中性及碱性 pH 下的效率较低等。为了克服上述缺点，尝试将芬顿氧化技术与其他技术联用，例如光芬顿、电芬顿等技术，或开发非均相芬顿技术，即采用固体催化剂取代溶解性的 Fe^{2+}。徐辉等[4]先用芬顿氧化技术进行预处理，取芬顿预处理后的废水经光催化法进一步降解，经芬顿氧化与光催化组合工艺处理后，废水的可生化性由 0.28 提高到 0.46，可生化性得到显著提高。Gomes Junior 等[5]评估了混凝-絮凝-沉降和光芬顿技术结合对阿特拉津实际废水的降解情况，经混凝-絮凝-沉降阶段后残留在上清液中的农药在黑暗或光照条件下通过光芬顿技术去除，黑暗条件下农药的去除率达到 82%～95%，光芬顿处理改善了目标农药的降解情况，经光芬顿处理后，农药废水的急性毒性从 100% 降低到 43%。可见，芬顿氧化技术与其他技术结合使用可以取得较好的去除效果。

1.1.3　电化学氧化技术

电化学氧化技术是通过电极反应来氧化降解废水中有机污染物的技术，是一种绿色友好型技术，被广泛应用于废水的处理。电化学氧化技术之所以被认为绿色环保，是因为在运行过程中无需外加氧化剂和絮凝剂等化学药品，具有运行控制简单、处理能力强、设备占地面积小等优点，可有效去除水中残留的具有生物毒性和环境持久性的有机污染物[6]。电化学氧化技术主要包括阳极氧化法、电芬顿氧化法、光-电氧化法和超声-电化学氧化法等[7-9]。根据体系中有机污染物氧化机制的不同，可将电化学氧化技术分为电化学直接氧化技术和电化学间接氧化技术。

①电化学直接氧化技术是指在电化学氧化体系中有机污染物在电极表面直接被氧化降解形成多种中间产物，甚至被进一步矿化，最终生成二氧化碳、水和无机盐的技术。一般认为，在电化学直接氧化过程中，溶液中的有机污染物首先扩散到电极表面，之后污染物在阳极通过直接电子转移而被氧化去除。直接氧化并不涉及自由基和其他氧化性物质，是通过电极表面电子的直接传递作用，将有机物氧化分解的过程。

②电化学间接氧化技术是指有机污染物在氧化体系中被电化学反应产生的强氧化性物质［如·OH、H_2O_2、O_3、次氯酸（HOCl）等］降解并转化生成中间产物的技术。

电化学氧化技术氧化能力强，处理效率高，操作简单，但也存在电极材料制造成本高、电流效率低、能耗大等问题，限制了电化学氧化技术的推广使用。因此，可从降低电极成本、改进电极性能、提高电极的电流效率等方面进一步改进，以期达到较好的经济效益和环境效益。

1.1.4　光催化氧化技术

光催化氧化技术是利用光催化剂将光能转换为化学反应所需要的能量，从而实现催化氧化的技术。光催化氧化技术基于光催化材料自身的光电特性和特殊的电子结构来实现污染物降解。半导体的电子结构可分成低能价带、禁带以及高能导带三部分，当半导体被高能光辐射后，其电子由低能价带激发跃迁到高能导带上，电子被氧分子俘获，则生成活性氧化物质，可进一步氧化已羟基化的反应产物，产生·OH。同时在高能导带上形成空穴（h^+），空穴被溶液中的 H_2O、OH^- 和有机物俘获后，也可生成·OH。日本在光催化领域的研究起步较早，20世纪 50 年代藤岛昭发现了二氧化钛（TiO_2）作为光催化剂的氧化作用[10]；1972年，Fujishima 和 Honda[11] 报道了在光电池体系中通过光辐照 TiO_2 可以将水分解，光催化技术由此引起了全世界的关注。此后，研究者们陆续开发了大量的催化剂用于光催化研究，主要有金属氧化物光催化剂［如氧化锌（ZnO）、氧化钨（WO_3）等][12,13]和金属硫化物光催化剂［如硫化锌（ZnS）[14]、硫化镉（CdS）等］。尽管研发了大量的光催化剂，但是最常用的光催化剂仍然是 TiO_2。TiO_2具有无毒害性、催化活性高、氧化能力强、化学稳定性好、反应条件温和、不产生二次污染等优点，并且 TiO_2 在波长<400 nm 紫外光的激发下可产生电子-空穴对，引发光催化反应，因此，以 TiO_2 的研究和应用最为深入和广泛。Chen 等[15]制备了核壳结构的氧化铈和二氧化钛复合催化剂 $CeO_2@TiO_2$，在经过 CeO_2 改性后，复合材料的带隙能降低至 2.73eV，显著低于 TiO_2 的带隙能，紫外-可见吸收光谱发生红移，提高了复合材料对可见光的吸收能力，$CeO_2@TiO_2$ 复合催化剂对罗丹明 B 的光催化降解能力也得到了较大幅度的提升。Deng 等[16]通过离子交换法制备了 $TiO_2/Fe_2TiO_5/Fe_2O_3$ 复合材料光催化剂，使得催化材料对可见光的吸收加强，随着 Fe/Ti 值的提高，其对可见光的吸收能力逐渐提高。通过光电流的测试，可以发现相比于单一的 TiO_2 光催化剂，复合光催化剂的光电流更大，光响应能力更好。但是，复合半导体改性 TiO_2 的制备过程较为复杂，制备周期较长。Fiorenza 等[17]将分子印迹技术与 TiO_2 光催化技术结合制备了印迹 TiO_2 光催化剂，对除草剂 2,4-二氯苯氧乙酸（2,4-D）进行光催化降解，与原始 TiO_2 相比，印迹 TiO_2 的光催化活性显著提高，实现了对目标污染物的选择性去除，选择性光催化剂充分发挥了分子印迹和光催化之间的协同作用。Chen 等[18]采用光辐照沉积的方法，分别在 TiO_2 中空纳米晶表面负载金（Au）、银（Ag）、铂（Pt）和钯（Pd）贵金属颗粒，制得 $M-TiO_2$（M＝Au、Ag、Pt 和 Pd）复合催化剂。研究表明，在负载贵金属颗粒后，材料对可见光的吸收能力均得到提升，电荷分离能力大小依次为 $Pt-TiO_2 > Pd-TiO_2 > Au-TiO_2 > Ag-TiO_2 > TiO_2$；在可见光照射下，$M-TiO_2$ 材料催化氧化苯甲醇生成苯甲醛的量也得到提升。但是，为保证沉积的零价金属的稳定性，目前金属沉积改性过程中多使用贵金属，使得材料制备的成本增加。

目前，对 TiO_2 进行单一修饰与改性还存在不足，可见光催化与能量转化效率不高。因此采用多种方法共同对 TiO_2 进行改性成为目前研究的热点，复合半导体修饰-非金属掺杂[19]、贵金属沉积-复合半导体修饰[20]等复合改性方法得到研究。石墨烯（GR）是一种单原子层的碳二维纳米材料，同时具有面内的碳-碳 σ 键和面外的 π 电子，具有高比表面积，优良的力学性能、导电性能和优异的光学性能。马莹[21]将 GR 与 TiO_2 复合，制备 GR/TiO_2 复合膜，探究其对邻氯苯酚的光催化降解效果。结果表明，GR 的掺杂不仅扩大了催化剂对可见光的吸收范围，同时提高了 TiO_2 光生电子空穴的分离率；当 GR 的掺杂比例为 0.3％时，催化剂中的 GR 以片状结构存在，且双层复合膜对邻氯苯酚的光催化降解性能最好；与纯 TiO_2 膜相比，GR/TiO_2 复合膜对邻氯苯酚的光催化降解效率提高了 30.98％。GR 和 TiO_2 之间的化学键合作用能够提高 TiO_2 对可见光的吸收能力。

1.1.5　过硫酸盐氧化技术

传统的 AOPs 氧化降解有机污染物主要是利用体系中产生的强氧化性的 ·OH，过硫酸盐氧化技术因其对目标污染物降解的高效性和宽 pH 值适应性受到越来越多的关注。过硫酸盐（PS）包括过氧单硫酸盐（PMS）和过氧二硫酸盐（PDS），PMS 和 PDS 的阴离子分别为 HSO_5^- 和 $S_2O_8^{2-}$。PMS 具有不对称的分子结构，而 PDS 的分子结构是对称的，因此，PDS 需要更高的能量才能实现过氧键的均裂，PDS 和 PMS 的氧化还原电位分别为 2.1V 和 1.8V[22]。氧化剂本身具有一定的氧化能力，活化后的 PDS 和 PMS 可产生大量包括硫酸根自由基（$SO_4^-\cdot$）在内的自由基（ROSs），·OH 氧化还原电位为 $1.9 \sim 2.8V$，$SO_4^-\cdot$ 具有与 ·OH 相近甚至更高的氧化还原电位（$2.5 \sim 3.1V$）[23]，与 ·OH 主导的 AOPs 相比，基于 $SO_4^-\cdot$ 的 AOPs（SR-AOPs）有以下优势：

① $SO_4^-\cdot$ 比 ·OH 的半衰期更长（$SO_4^-\cdot$ 为 $30 \sim 40\mu s$，·OH 为 20ns），自由基可充分接近并攻击有机污染物[24]；

② $SO_4^-\cdot$ 的反应性与 pH 值无关，而 ·OH 的反应性与 pH 值有关（·OH 在中性及碱性条件下氧化能力弱），$SO_4^-\cdot$ 可在宽 pH 值范围（$2 \sim 8$）内降解有机污染物；

③ $SO_4^-\cdot$ 主要来源于 PS，PS 在运输、储存和使用方面比 H_2O_2 更安全。

活化 PS 的方式有很多，如热活化[25]、碱活化[26]、光（UV）活化[27]、过渡金属活化[28]、电化学活化、超声波活化、非金属活化[29]等。

1.1.5.1　热活化法

PS 在溶液中会水解产生 $S_2O_8^{2-}$，通过加热的方式会使过氧键（—O—O—）断裂产生 $SO_4^-\cdot$，1.0mol 的 PS 可以生成 2.0mol 的 $SO_4^-\cdot$，如式（1-1）所示：

$$S_2O_8^{2-} + 热能 \longrightarrow 2SO_4^-\cdot \tag{1-1}$$

对于热活化反应，温度越高，活化效率越高，目标污染物被降解得越快。Ji 等[30]采用热活化 PDS 的方法降解磺胺甲噁唑，在温度为 30℃、40℃、50℃、60℃的条件下分别对磺胺甲噁唑进行降解。结果表明，随着温度升高，磺胺甲噁唑降解的拟一级动力学常数 k_{obs} 值增大，最大时为 $0.022min^{-1}$，降解效果也更好。Sun 等[31]研究了水溶液中的氯氧亚麻酚的降解，通过热活化 PDS 的方式去除污染物，结果表明，在 30℃、40℃、50℃、60℃的实验条件下，氯氧亚麻酚的降解效率随着反应温度和初始 PDS 浓度的增加而显著提高，且初始溶液 pH 值和水基质不会影响降解效果。张萍萍等[32]研究发现，通过热活化方式活化PDS可使联苯胺很好地降解，其TOC（总有机碳）去除率可达91%，氧化剂与污染物质量比为2:1时，完全打开了苯环结构，并且出水浓度达到了国家排放标准。Tan等[33]采用热活化法活化PDS对水中的敌草隆进行降解，研究发现降解污染物的主要自由基是$SO_4^-\cdot$，并发现影响实验的主要因素有温度、PDS用量等，敌草隆降解最佳实验条件为$pH=6.3$、温度60℃，并研究了水中的阴离子对污染物降解的影响，影响程度大小顺序为$CO_3^{2-} > HCO_3^- > Cl^-$。Cai等[34]通过热活化PDS降解水中的2,4-二氯苯氧乙酸，研究表明，在酸性和高温条件下污染物的降解效率更高，当PDS浓度为22.5mmol/L时，降解效果最佳，且无论是在酸性还是在碱性条件下，$SO_4^-\cdot$都是主要的氧化物质。

1.1.5.2 光（UV）活化法

光（UV）活化法的主要原理是通过在波长小于295nm的紫外光照射下，PS的—O—O—产生断裂，在溶液中生成$SO_4^-\cdot$，其反应过程如下：

$$HSO_5^-/S_2O_8^{2-} \xrightarrow{UV} SO_4^-\cdot \tag{1-2}$$

采用光（UV）活化法对PS进行活化时，波长和PS剂量是两个关键的影响因素，Chen等[35]用UV活化PS的方法氧化降解普萘洛尔，实验结果表明，普萘洛尔的降解遵循拟一级反应动力学，降解率随PS剂量的增加和普萘洛尔初始浓度的降低而急剧增加，提高初始溶液的pH值也可以提高普萘洛尔的降解效率。Gao等[36]研究了UV活化PDS氧化降解磺胺甲氧哒嗪，主要影响因素是氧化剂的剂量、pH值和Br^-浓度，磺胺甲氧哒嗪的降解率随着PDS剂量的增加而增加，磺胺甲氧哒嗪的降解率高度依赖pH值，pH值为5.5时的降解率＞pH值为7.0时的降解率＞pH值为9.0时的降解率。在$pH=8.5$时，氯仿的生成量达到最大值，而在酸性和中性条件下，二氯乙腈的生成量要大得多。Liu等[37]使用UV_{254}对PDS进行活化产生$SO_4^-\cdot$降解土霉素，研究发现在中性条件下，在反应中占主导地位的是$SO_4^-\cdot$，而且其含量比反应中产生的$\cdot OH$含量高很多。同时研究了土霉素的降解机理，根据反应产物的结构提出了4种不同的降解机理，分别为羟基化、去甲基化、脱羧和脱水。Shu等[38]在处理酸性蓝时，采用UV照射活化PDS的方法，发现使用越高强度的UV照射，酸性蓝113的降解效率越高。励佳等[39]探究了UV激发过硫酸钾对联苯（BP）的降解效果，发现影响实验的主要因素是紫外光波长，结果表明，在长波条件下，反应50min时，BP的降解率仅为23%；在中、长波共同作用条件下，反应50min时过硫酸钾对BP的降解率为 72%；而在短波条件下，过硫酸钾对 BP 的降解率在 50min 时高达 96.3%，明显看出短波照射能够更好地活化氧化剂。高乃云等[40]比较了单独使用 UV 和使用 UV/PS 体系对抗生素安替比林的降解情况，研究结果表明，由于 PS 的加入产生强氧化性的 $SO_4^-\cdot$，在相同实验条件下，使用 UV/PS 体系比单独使用 UV 具有更高的去除效率。

1.1.5.3 过渡金属活化法

不同过渡金属离子（Ag^+、Co^{2+}、Cu^{2+}、Fe^{2+}、Mn^{2+}、Ce^{2+} 等）都可以与 PMS 和 PDS 发生化学反应产生 $SO_4^-\cdot$，相比于其他活化方式，该方法反应条件温和，在一般常温条件下即可生成 $SO_4^-\cdot$，无需加热、光照等外加能源，可以节约能源，相比其他方法也更加简便易行，被公认为是产生 $SO_4^-\cdot$ 最普遍、最良好的方法[41]。过渡金属用 M^{n+} 表示，活化 PDS 反应的过程如式（1-3）所示：

$$S_2O_8^{2-} + M^{n+} \longrightarrow SO_4^-\cdot + SO_4^{2-} + M^{(n+1)+} \qquad (1\text{-}3)$$

Anipsitakis 等[42]考察了不同过渡金属离子活化 PMS 的强弱，对 PMS 的活化效率的顺序由强到弱依次为：$Co^{2+} > Ru^{3+} > Fe^{2+} > Ce^{3+} > V^{3+} > Mn^{2+} > Fe^{3+} > Ni^{2+}$。Dulova 等[43]研究表明通过过渡金属激发 PDS 降解苯胺，采用柠檬酸络合亚铁离子作为活化剂时，苯胺的去除率为 60%；而当单独使用亚铁离子对 PDS 活化时，去除率只有 45%。Diao 等[44]对过渡金属催化 PDS 去除水中的苯酚和 Cr（Ⅵ）进行了研究，采用膨润土（膨土岩）负载纳米零价铁作为活化剂，经研究发现，PDS 在酸性条件下更容易被活化，并且苯酚和 Cr（Ⅵ）的去除率分别为 72.3% 和 99.8%。Nie 等[45]使用 Fe^{2+} 和零价铁（ZVI）分别活化 PDS 氧化去除水中不同浓度的氯霉素，相比于 Fe^{2+}，ZVI 能够避免引入各种阴离子，并通过持续地向水中释放 Fe^{2+} 达到更好的活化效果，提高有机物的降解效率。Fe^{3+} 也可以活化 PDS，但由于其在水中不能稳定存在，对 PDS 的直接活化效果较差，研究者通过加入 EDTA（乙二胺四乙酸）、EDDS（乙二胺二琥珀酸）、草酸等螯合剂稳定水中的 Fe^{3+}，形成的配体在活化 PDS 的过程中通过金属电荷转移作用能够促进 Fe^{3+} 还原生成 Fe^{2+}，进而促进整个活化过程的持续进行，有效降解有机物[46,47]。杨世迎等[48]研究了利用过渡金属催化 PDS 降解苯胺，采用 Fe^0 作为活化剂处理 0.012mmol/L 苯胺溶液，当 Fe^0 投加量为 35.7mmol/L、PDS 投加量为 6mmol/L、反应时间为 120min 时，苯胺去除率可达到 81.4%，TOC 的去除率为 52.6%。催化反应的原理类似于芬顿试剂反应，Fe^0 被氧化为 Fe^{2+}，PDS 被还原产生强氧化性的 $SO_4^-\cdot$，并发现在酸性条件下反应效果更明显。Gao 等[49]通过过渡金属活化 PDS 工艺降解双酚 A，分别使用 Fe^{2+}、Fe^0、Ni_2O_3 作为活化剂，研究表明，在 25℃和 pH = 7.0 的条件下，在 Fe^{2+}-PDS、Fe^0-PDS 和 Ni_2O_3-PDS 系统中，污染物在 60min 时完全降解，过渡金属与 PDS 的最佳比例为 n_0（Fe^{2+}）：n_0（PDS）= 1：2 和 n_0（Fe^0）：n_0（PDS）= 1：2，Ni_2O_3 的加入量越多，污染物降解效果越好。Liu 等[50]通过简单的方法合成 Cu-V_2O_5 活化 PDS 对水溶液中的苯并三唑进行降解，在 pH＝5、PDS 浓度为 5mmol/L、温度为 25℃的条件下反应 120min，降解率达到 100%，自由基淬灭研究表明，$SO_4^-\cdot$ 和 $\cdot OH$ 都对苯并三唑的降解有促进作用，Cu-V_2O_5 的高催化活性与 PDS 活化过程中 V（Ⅵ）/V（Ⅴ）循环和 Cu（Ⅱ）/Cu（Ⅲ）循环的协同作用密切相关。

1.1.5.4 超声波活化法

超声波活化的主要原理是在溶液中产生空化气泡而引发局部的高温、高压条件，使 PS 中的化学键发生断裂。Lei 等[51]用双频超声活化 PDS 协同降解水和土壤中的全氟化合物，研究表明 6h 后脱氟效率达到了 100%。Yousefi 等[52]研究了超声活化 PDS 矿化高盐石油化工废水，结果表明，实验最佳条件是在 pH＝3、超声功率为 300W、超声频率为 130kHz、电位为 10V 和 PDS 浓度为 20mmol/L 时，120min 后，最高去除率达到了 91.2%。Wang 等[53]在用超声活化 PDS 降解卡马西平（CBZ）时发现，使用两者相结合的方法降解卡马西平的效率是单独超声及单独用 PDS 方法效率的 2 倍。Chen 等[54]研究了二硝基甲苯废水的降解，采用超声活化 PDS 高级氧化技术，实验最优条件为超声强度 126 W/cm、温度 45℃、PS 浓度（质量分数）2%，污染物去除率达到了 100%。李炳智[55]探究了超声活化 PDS 高级氧化体系降解 1,1,1-三氯乙烷（TCA），并探究了其降解动力学和机理，结果表明，体系中两种方法相结合有明显的协同效应，降解反应符合拟一级反应动力学，且超声频率越高，反应速率常数越大。Monteagudo 等[56]通过超声活化 PDS 氧化双氯芬酸，在中性条件下，240min 时降解率达到了 94%。Chakma 等[57]使用超声/Fe^{2+}/UVC（短波紫外线）活化 PDS 降解偶氮脲，在 60min 时偶氮脲的降解率也能达到 90%，应用 UVC 和超声波获得的染料的降解和矿化几乎等于使用单独的技术获得的降解和矿化的总和。

1.1.5.5 电化学活化法

电化学活化 PS 的主要机理是在阴极产生 $SO_4^-\cdot$，通过电子转移发生氧化还原反应使化学键发生断裂，如式（1-4）所示。电化学活化 PS 的水处理方法目前尚未被广泛研究，只在少量的文献中报道，仍有很大的发掘空间，是一种新型的过硫酸盐活化方法[58]。

$$S_2O_8^{2-} + e^- \longrightarrow SO_4^- \cdot + SO_4^{2-} \qquad (1\text{-}4)$$

宋浩然[58]利用 BDD（硼掺杂金刚石）阳极电化学活化 PS 降解有机污染物，当采用电化学活化 PS 时，CBZ 的降解率明显提高，并且 PMS 的电化学活化的降解速率高于 PDS。Wu 等[59]研究了一种新型的以电化学结合 Fe^{2+} 活化 PDS 的组合技术，用来处理水中酸性橙 7（AO7），结果表明当采用电化学耦合方法时能够促进 Fe^{2+} 活化 PS，并且加快 Fe^{3+} 向 Fe^{2+} 的转化速率，电化学阳极氧化对 AO7 也有一定的去除效果，废水的可生化性得到了明显提高，两者相结合的 PDS 体系对 AO7 的氧化降解效果更好，COD 降解率可达 90%。Zhang 等[60]探究了磺胺甲噁唑的降解，采取电活化 PDS 体系，使用铁作为阳极，最佳实验条件为电流 18.4mA、pH＝3.43、PDS 浓度 3.54mmol/L、电解时间 60min，降解率达到了 100%。Govindan 等[61]研究了电化学生成的 Fe^{2+}/Fe^{3+} 活化氧化剂 PMS、PDS 和 H_2O_2 的能力，分析了电絮凝（EC）中溶液 pH 值和氧化剂用量对五氯苯酚（PCP）降解的影响，结果表明，最佳初始溶液 pH 值为 4.5，PMS 是 EC 中最有效的氧化剂，PMS 辅助 EC 在 60min 的电解时间内实现 75% 的 PCP 去除率，EC 辅助对 PCP 的降解效果依次为 EC/PMS ＞ EC/PDS ＞ EC/HP ＞ EC。Li 等[62]使用 $CuFe_2O_4$ 作为 PDS 离子电极，并将其应用于三维电化学体系中去除阿特拉津，最佳实验条件为电流密度 $4mA/cm^2$、CFO 剂量 3.0g/L、PDS 浓度 4.0mmol/L、初始 pH＝6.3，在反应 35min 后，阿特拉津的降解效率达到了 99%，TOC 去除率为 22.1%。Chen 等[63]采用超声和电化学相结合的方式活化 PDS 降解水中的苯胺，当电压为 6 V、温度为 318 K、PDS 浓度（质量分数）为 2.5%、pH 值为 3.0，并且在反应时辅以 150mL/min 的氮气通入反应器时，可完全降解苯胺。Candia Onfray 等[64]用 BDD 电极作为阳极氧化处理酒厂废水，结果表明，在不添加电解质的情况下，COD 的去除率为 63.6%，而在添加 50mmol/L 硫酸钠溶液和氯化钠溶液并施加较高密度电流的情况下，COD 几乎完全矿化。电化学活化是一种高效且环保的处理形式。

1.1.5.6　非金属活化法

近年来，碳基材料作为 AOPs 的无金属催化剂受到了广泛关注。为了克服金属基催化剂在使用过程中造成二次金属污染的缺点，产生了对无金属催化剂的研究需求。碳基材料的催化活性高度依赖碳材料的类型。碳可以以不同的同素异形体存在，如活性炭（AC）、碳纳米管（CNTs）、活性炭纤维（ACF）等。张君[65]探究了 ACF/PMS 体系中 ACF 的吸附作用和催化作用，研究结果表明，ACF 表面的碱性位点在活化过程中发挥主要作用，产生 $SO_4^-\cdot$ 和 $\cdot OH$，但由于反应位点有限，吸附作用和催化作用在一定程度上相互抑制，因此需要优化反应条件以确定 ACF 和 PMS 的最佳投加比例。非金属碳材料能够活化过硫酸盐是由于活性炭表面基团的不定域 π 电子，其机理与催化 H_2O_2 类似，反应如式（1-5）所示：

$$C\text{-}\pi + S_2O_8^{2-} \longrightarrow C\text{-}\pi^+ + SO_4^-\cdot + SO_4^{2-} \tag{1-5}$$

氮掺杂可以显著提高碳基材料的催化性能。氮掺杂的表面修饰有利于氧化还原反应，这些含氮基团主要有石墨 N、吡咯 N 和吡啶 N。与 PMS 相比，吡咯 N 和吡啶 N 对 PDS 的激活效果相对较差[66]。在石墨 N 键构型中，电负性越强的 N 原子可以改变碳结构局部区域的电子密度。N 掺杂策略取决于碳同素异形体的类型，可以在碳材料合成过程中直接进行，也可以在后处理合成过程中进行。此外，多孔碳上 N 和 S 共掺杂也对 PDS 活化有促进作用[67]。掺杂量过多不利于碳结构的整体电荷平衡，因此需要优化掺杂量。碳材料也可以作为支撑材料用来修饰过渡金属，以实现有机污染物的快速降解。Shi 等[68]采用乙二胺四乙酸二钾盐（EDTA-2K）制备的氮掺杂多孔碳催化活化 PDS，降解磺胺甲噁唑，煅烧温度在 800℃下制备得到催化性能最优的催化剂，磺胺甲噁唑去除率达到了 99.5%。AC 被认为是最具有应用前景的非金属活化剂，其价格低廉，无二次污染，方便回收，在给水和废水处理中被广泛应用。王晨曦等[69]研究了在颗粒活性炭（GAC）表面负载 Fe_2O_3 催化 PDS，发现在 Fe/GAC/PS 体系中，活性炭表面的官能团催化 PDS 产生活性自由基，同时 GAC 表面负载的铁氧化物也能够起到活化作用，并且溶出的 Fe^{2+} 也能均相催化 PDS 产生 $SO_4^-\cdot$ 和 $\cdot OH$，两者协同降解偶氮染料橙黄 G（OG），在最佳实验条件下 OG 的脱色率在 2h 内可以达到 99%。Su 等[70]采用一种新型的氧化石墨烯（GO）-碳纳米管（CNTs）-α-FeOOH 纳米复合活化 PDS 体系，用于促进酸性橙Ⅱ的降解，与 α-FeOOH（去除率约为 44%）或 GO-CNTs（去除率约为 18%）相比，酸性橙Ⅱ的脱色率显著提高，可达 99%，90min 可以达到完全脱色，α-FeOOH@GCA 的催化活性增强是由于 α-FeOOH 和 GO-CNTs 形成异质结。

1.1.5.7 碱活化法

碱活化是指利用碱性物质来活化 PS 的方法，其产生的 $SO_4^-\cdot$ 由于 pH 值的变化会转变为其他物质，虽然 PS 溶于水中会使体系的 pH 值下降，但过量的碱性物质能够与 $SO_4^-\cdot$ 发生反应生成 $\cdot OH$，因此在碱活化 PS 的过程中，存在两种自由基共同作用[71]。相青青[72]通过碱活化的方式活化 PMS 降解水中的不同染料，NaOH 作为催化剂，结果表明 NaOH/PMS 体系在最佳实验条件下能够完全去除亚甲基蓝和三苯甲烷类染料甲基紫，对其他染料也能够有效去除。比起芬顿体系和 Fe^{2+}/PMS 体系，碱活化 PMS 体系受溶液中无机阴离子的影响更小，并且没有二次污染。朱杰等[73]研究了碱和热两种方式活化 PS 氧化降解氯苯，发现两者相结合的活化方式相比单独一种方式具有更好的降解效果，反应 5h 后氯苯降解率达到了 99%，氯苯的降解率会随着 PDS 投加量的增加而提高，研究还发现分批次投加 PDS 可以促进氯苯的降解，因为这样可以减弱自由基之间的相互影响。Qi 等[74]的研究结果同样表明，碱活化 PMS 过程中产生的 $SO_4^-\cdot$ 转变为 $O_2^-\cdot$ 和 $^1O_2$，且该体系能够氧化去除酸性橙 7、苯酚和双酚 A 等多种有机物，同时对比了 NaOH/PS、$NaOH/H_2O_2$ 和 NaOH/PMS 三种体系对有机物的降解效果，只有 NaOH/PMS 体系具有较强的氧化能力，可能是因为这三种氧化剂分子中与 O—O 键相连的基团结构不同，PMS 的不对称结构导致其更易被活化分解。

1.2   非均相高级氧化技术

目前主要有两类氧化剂被用于废水的高级氧化处理：一类是用于水体杀菌消毒的 O_3、氯气和次氯酸等，这类氧化剂无过氧键；另一类是有过氧键的过氧化物，如 H_2O_2、PS 等，在一定条件下过氧键发生断裂生成自由基。目前，以 H_2O_2 和 PS 为氧化剂的非均相高级氧化技术受到广泛关注并取得了较好的研究成果。

1.2.1   基于羟基自由基的非均相高级氧化技术

Henry J. Fenton 于 1894 年首次发现当 Fe^{2+} 和 H_2O_2 同时存在于酸性溶液中时，酒石酸钾钠可被迅速分解[75]，人们将 Fe^{2+} 和 H_2O_2 称为 Fenton 试剂。直到1934 年 Haber 提出 Fenton 反应的机理，即 Fe^{2+} 催化 H_2O_2 反应生成 $\cdot OH$［式 (1-6)］，随后生成的 Fe^{3+} 在 H_2O_2 作用下再生成 Fe^{2+} ［式 (1-7)］，Fe^{2+} 的再

生速率远小于 Fe^{2+} 的消耗速率，式（1-7）是限速步骤。电芬顿（electro-Fenton，EF）技术是基于 Fenton 技术发展而来的，该技术结合了电化学氧化技术及芬顿氧化技术的优势。EF 技术的反应过程是通过 O_2 在阴极发生二电子氧还原反应生成 H_2O_2［式（1-8）］，H_2O_2 与体系中的 Fe^{2+} 发生芬顿反应生成强氧化性的 $\cdot OH$，同时，电场的引入可以加快 Fe^{2+} 的再生速率［式（1-9）］。由于催化剂的存在状态是溶解性的 Fe^{2+}，当 pH＞4 时体系中容易形成氢氧化铁，产生的铁泥阻碍催化反应的进行，因此均相 Fenton 及 EF 技术适用的 pH 值范围为 $2\sim4^{[76,77]}$，并且溶解性的 Fe^{2+} 无法回收。针对均相 Fenton 及 EF 技术存在的适用 pH 值范围窄、Fe^{2+} 难以回收等问题，开发了非均相 Fenton 及 EF 技术，以非均相催化剂代替溶解性的 Fe^{2+}，根据 H_2O_2 的来源一般可分为外加 H_2O_2 的非均相芬顿高级氧化技术和阴极原位生成 H_2O_2 的非均相电芬顿高级氧化技术。

$$Fe^{2+} + H_2O_2 + H^+ \longrightarrow Fe^{3+} + H_2O + \cdot OH \tag{1-6}$$

$$Fe^{3+} + H_2O_2 \longrightarrow Fe^{2+} + HO_2 \cdot + H^+ \tag{1-7}$$

$$O_2 + 2H^+ + 2e^- \longrightarrow H_2O_2 \tag{1-8}$$

$$Fe^{3+} + e^- \longrightarrow Fe^{2+} \tag{1-9}$$

1.2.1.1 外加 H_2O_2 的非均相芬顿高级氧化技术

外加的 H_2O_2 与非均相催化剂构建的高级氧化体系在降解有机污染物方面具有较好的潜力。金属及金属氧化物具有环境友好、制备简单、便于固液分离和重复使用的优点，可作为非均相催化剂。Diao 等[78]以膨润土负载纳米级零价铁（nZVI）制备催化剂（B-nZVI），B-nZVI 与 FeS_2 共同激活 H_2O_2 降解阿特拉津，结果表明，阿特拉津的降解率在 B-nZVI/H_2O_2 引入 FeS_2 后显著提高，B-nZVI/FeS_2/H_2O_2 体系在反应 60min 时降解了近 98% 的阿特拉津，在 B-nZVI/FeS_2/H_2O_2 体系中，阿特拉津去除率远高于单独的 B-nZVI 和 FeS_2/H_2O_2 体系中阿特拉津去除率的总和，催化剂重复使用四次后的阿特拉津去除率为 91%，四次运行后浸出的总 Fe 浓度为 11.2mg/L。Plaza 等[79]以 nZVI 为催化剂，考察 nZVI/H_2O_2/UV、nZVI/UV、nZVI/H_2O_2 体系在近中性（pH 值约为 6.3）条件下对 10mg/L 的阿特拉津的去除效果，结果表明，nZVI/UV 对阿特拉津的降解几乎无效，但是加入 H_2O_2 后，nZVI/H_2O_2/UV 体系对阿特拉津的去除能力明显增强，反应 120min 时的阿特拉津去除率约为 80%，nZVI/H_2O_2 体系在相同时间内的阿特拉津去除率为 50%，可见 UV 可以促进 ROSs 的生成。Cheng 等[80]以转炉渣（SCS）为催化剂，以 H_2O_2 为氧化剂，构建类芬顿氧化体系降解阿特拉津，结果表明，H_2O_2 与 SCS 显著提高了阿特拉津的去除率，SCS 最佳投加量和 H_2O_2 质量分数分别为 80g/kg 和 10％，分三次投加 10％的 H_2O_2 能够去除 93.7％的阿特拉津。

1.2.1.2　阴极原位生成 H_2O_2 的非均相电芬顿高级氧化技术

溶液中的溶解氧（曝气或阳极析氧反应产生）可以扩散并吸附在阴极表面连续生成 H_2O_2［式（1-8）］，随后 H_2O_2 在非均相催化剂的作用下产生 ·OH，H_2O_2 也可继续在阴极反应生成 H_2O［式（1-10）］，此外，溶解氧也可发生四电子氧还原生成 H_2O［式（1-11）］[81]。常见的合成 H_2O_2 的阴极为碳阴极，如石墨毡（GF）[82]、碳毡[83]、ACF[84] 等。非均相电芬顿高级氧化技术中的催化剂有两种存在形式：一种是分散在溶液中的形式；另一种是负载在阴极上的形式。后者的优势在于阴极电合成 H_2O_2 并同步催化原位产生 ·OH，提高了 H_2O_2 的利用率，电场可加速低价态金属再生，并且无需对催化剂进行分离回收。Zhang 等[85] 合成了核壳 $Fe@Fe_2O_3-CeO_2$ 复合材料，并将其作为分散在溶液中的非均相催化剂，在 $Fe@Fe_2O_3-CeO_2$ 投加量为 0.08g/L、pH 值为 3.8、施加电流为 50mA、曝气速率为 0.1L/min 的条件下，四环素（TC）的去除率在 60min 时达到 90.7％，矿化效率在 6h 内达到 86.9％。Zhang 等[86]制备了 PTFE（聚四氟乙烯）改性的 Fe-C 颗粒（Fe-C/PTFE），将 Fe-C/PTFE 作为分散在溶液中的非均相催化剂，于近中性条件下降解 2,4-二氯苯酚（2,4-DCP），2,4-DCP 在反应 120min 时去除率约为 95％。Cui 等[87] 合成了铜铁双金属氧化物改性的石墨毡复合阴极（CCFO/CB@GF），将催化组分负载在阴极上成功构建了非均相 EF 体系，CCFO/CB@GF 作为双功能阴极，反应 120min 时，TC 去除率约为 96.3％。Zhang 等[88] 以 Fe_3O_4/气体扩散电极（Fe_3O_4/GDE）为旋转阴极构建了非均相 EF 体系，结果表明，TC 在 2.0～7.0 的 pH 值范围内均可实现有效降解，在初始 pH 值 3.0、施加电位为 −0.8V vs. SCE［相比于饱和甘汞电极（SCE）的电极电势］的条件下，50mg/L 的 TC 在 120min 时被完全去除，Fe_3O_4 原位催化 H_2O_2 产生 ·OH，在 Fe_3O_4/GDE 阴极表面实现了 O_2 的扩散、H_2O_2 的合成与活化。

$$H_2O_2 + 2e^- + 2H^+ \longrightarrow 2H_2O \qquad (1\text{-}10)$$

$$O_2 + 4H^+ + 4e^- \longrightarrow 2H_2O \qquad (1\text{-}11)$$

1.2.2　基于硫酸根自由基的非均相高级氧化技术

基于硫酸根自由基的高级氧化技术（SR-AOPs）的主要作用机理是利用各

种不同的高效活化方式催化活化氧化剂 PS，产生具有强氧化性的 $SO_4^-\cdot$。pH 值决定了溶液中 $SO_4^-\cdot$ 和 $\cdot OH$ 两种自由基的产生，$SO_4^-\cdot$ 可以在不同水溶液条件下转化为 $\cdot OH$ ［式（1-12）和式（1-13）］。$SO_4^-\cdot$ 的生成条件范围也较广，在 pH>7 的条件下，$SO_4^-\cdot$ 的氧化性比 $\cdot OH$ 更强，在 pH<7 的条件下，$SO_4^-\cdot$ 与 $\cdot OH$ 有相同的氧化性[89]。pH<7 时，反应体系中主要存在的自由基是 $SO_4^-\cdot$；pH>9 时，反应体系中主要存在的自由基是 $\cdot OH$；而在 pH 值为 7～9 时，$SO_4^-\cdot$ 和 $\cdot OH$ 都是主要活性物质[90]。目前研究最为广泛的是过渡金属活化 PS，过渡金属活化 PMS 和 PDS 因操作简单、成本低廉、效率高等优势成为研究热点，反应方程见式（1-14）和式（1-15）。

$$SO_4^-\cdot + H_2O \longrightarrow H^+ + SO_4^{2-} + \cdot OH \text{（任意 pH 值）} \qquad (1-12)$$

$$SO_4^-\cdot + OH^- \longrightarrow SO_4^{2-} + \cdot OH \text{（碱性 pH 值）} \qquad (1-13)$$

$$S_2O_8^{2-} + M^n \longrightarrow M^{n+1} + SO_4^{2-} + SO_4^-\cdot \qquad (1-14)$$

$$HSO_5^- + M^n \longrightarrow M^{n+1} + OH^- + SO_4^-\cdot \qquad (1-15)$$

1.2.2.1　非均相过渡金属活化 PS 的研究现状

过渡金属活化方式在均相（过渡金属离子）和非均相（过渡金属氧化物等）体系中均可实现，与 Fenton 及 EF 体系类似，非均相体系在适用 pH 值范围、催化剂重复使用方面优于均相体系。刘一清等[91]采用共沉淀法制备了磁性纳米 Fe_3O_4，用于活化 PDS 降解磺胺甲噁唑，在 PDS 浓度为 0.5mmol/L、Fe_3O_4 投加量为 1.2g/L、初始 pH 值为 7.0 的条件下，反应 180min 时的磺胺甲噁唑去除率为 93.3%，自由基淬灭实验表明 $SO_4^-\cdot$ 和 $\cdot OH$ 共存于体系中，并且 $SO_4^-\cdot$ 起主导作用。Saputra 等[92]比较了不同氧化态的氧化锰（MnO、MnO_2、Mn_2O_3 和 Mn_3O_4）活化 PMS 降解苯酚的催化性能，催化活性顺序为 Mn_2O_3＞MnO＞Mn_3O_4＞MnO_2，在 25mg/L 的苯酚、0.4g/L 的 Mn_2O_3、2g/L 的 PMS 和 25℃ 的条件下，反应 60min 时，苯酚可被完全去除。Peng 等[93]以硫化铜（CuS）为催化剂活化 PDS 降解阿特拉津，在阿特拉津浓度为 50μmol/L、PDS 浓度为 4mmol/L、CuS 投加量为 25mmol/L、温度为 20℃ 的条件下重复实验三次，阿特拉津在相同时间（40min）内去除率分别为 91.5%、84.2% 和 73.1%，相较于 CuS 第一次反应时的阿特拉津去除率，重复第三次时的阿特拉津去除率下降了 18.4%，PDS 活化过程发生在 CuS 表面，$SO_4^-\cdot$ 和 $\cdot OH$ 是负责阿特拉津降解的 ROSs。Li 等[94]合成了 $CoFe_2O_4$ 磁性纳米粒子活化 PMS 降解阿特拉津，在 0.4g/L $CoFe_2O_4$、0.8 mmol/L PMS、初始 pH 值为 6.3 的条件下，反应

30min 时的阿特拉津去除率大于 99％，矿化率为 22.1％，单独的 PMS 和 $CoFe_2O_4$ 仅去除了 10％和 6％的阿特拉津，$SO_4^-\cdot$ 是体系中主要的自由基类型。

1.2.2.2　电场与非均相过渡金属协同活化 PS 的研究现状

电活化 PS 是由阴极提供电子，激发 PS 产生 $SO_4^-\cdot$［式（1-16）和式（1-17）］从而实现有机污染物的降解的方法。Liu 等[29]研究了 ACF 阴极在电场作用下活化 PDS 降解卡马西平（CBZ）的性能，在初始 pH 值为 3、CBZ 浓度为 0.042mmol/L、阴极电位为 6 V、PDS 浓度为 100mmol/L 的条件下，反应 30min 时的 CBZ 去除率为 98.78％，$SO_4^-\cdot$ 和 $\cdot OH$ 是主要的 ROSs 类型，E-ACF-PDS 体系实现了目标污染物在 ACF 阴极表面的吸附、降解和矿化。

$$S_2O_8^{2-} + e^- \longrightarrow SO_4^{2-} + SO_4^-\cdot \tag{1-16}$$

$$HSO_5^- + e^- \longrightarrow OH^- + SO_4^-\cdot \tag{1-17}$$

只依靠电活化 PS 降解有机污染物存在能耗较高、氧化剂用量大、适用 pH 值范围较窄等问题，因此，以非均相金属复合材料为催化剂，并将其与电化学体系相结合，是当前活化 PS 降解有机污染物的重要研究方向。Cai 等[95]合成了催化剂 Fe/SBA-15，在电场（EC）作用下活化 PDS 降解酸性橙，仅 PDS 氧化体系的反应速率常数为 $0.0005min^{-1}$，EC 和 EC/PDS 体系中的反应速率常数分别为 $0.0364min^{-1}$ 和 $0.0467min^{-1}$，表明 PDS 可以被电激活生成 $SO_4^-\cdot$；Fe/SBA-15/PDS 和 EC/Fe/SBA-15 体系中的反应速率常数分别为 $0.0025min^{-1}$ 和 $0.0441min^{-1}$，远低于 EC/Fe/SBA-15/PDS 体系中的反应速率常数（$0.0583min^{-1}$），表明 EC 与 Fe/SBA-15 在活化 PDS 中发挥了协同作用。Li 等[62]合成了 $CuFe_2O_4$（CFO）磁性纳米粒子，构建三维电化学体系活化 PDS，在 CFO 投加量为 3.0 g/L、PDS 浓度为 4.0mmol/L、电流密度为 $4mA/cm^2$、初始 pH 值为 6.3 的条件下，反应 35min 时的阿特拉津去除率约为 99％，重复实验四次后的阿特拉津去除率为 90％。Tang 等[96]采用共沉淀法合成 $MnFe_2O_4$ 纳米颗粒，构建了电活化 PDS 体系降解 TC，$MnFe_2O_4$ 不仅作为催化剂，还可作为三维电极，在电场作用下提高了 PDS 的活化效率和 TC 去除率，PDS/$MnFe_2O_4$、EO/PDS 和 EO/PDS-$MnFe_2O_4$ 体系中的 TC 去除率分别为 36.34％、53.27％ 和 86.23％，EO/PDS-$MnFe_2O_4$ 体系中的 TC 去除率高于 PDS/$MnFe_2O_4$ 和 EO/PDS 体系，淬灭结果表明 $SO_4^-\cdot$ 和 $\cdot OH$ 是体系中主要的 ROSs。为避免固相催化剂的分离回收，可将过渡金属负载在阴极上。Zhu 等[97]制备了铁铜改性石墨毡（Fe-Cu/HGF）阴极，构建电活化 PDS 体系降解敌草隆，EC/Fe-Cu/HGF＋PDS 体系中敌草隆的去除率在 35min 时达到 100％，Fe-Cu/HGF 复合阴极在较宽的 pH 值范围（3～9）内均可有效降解敌草隆。

H_2O_2 及 PS 主导的非均相高级氧化体系中的催化剂主要有两种存在形式：一种是直接投加分散在溶液中的投加型非均相催化剂；另一种是原位生长或负载在阴极上的负载型非均相催化剂。

① 悬浮的非均相催化剂研究较多的有铁基、钴基、铜基、锰基等催化剂，有的金属及金属氧化物没有磁性，催化剂难以回收或回收率较低，往往通过引入如铁、钴等合成双金属磁性催化剂。

② H_2O_2 的阴极原位催化是通过 O_2 在阴极电合成 H_2O_2 并经负载在阴极上的过渡金属同步催化产生 ROSs；PS 被阴极及负载在阴极上的过渡金属共同活化，产生 ROSs 降解有机污染物。

1.3 铁基非均相催化剂在污水处理方面的研究现状

Fe^{2+}、Fe^{3+}、Co^{2+} 等均相激活 PS、H_2O_2 涉及许多副反应，系统复杂难以控制，金属离子的投加剂量大且难以回收。针对上述问题，具有磁性的钴铁基非均相催化剂作为替代品被广泛研究。

1.3.1 铁基单金属非均相催化剂的研究现状

铁基单金属非均相催化剂是被广泛研究的催化剂之一，主要包括 ZVI、铁（氢）氧化物和铁硫化物等。

1.3.1.1 ZVI

ZVI 作为一种环保、制备简单、还原性好的环境修复材料，在环境治理领域受到了广泛关注。nZVI 在 AOPs 体系中去除有机污染物的过程通常分为两个阶段：第一阶段称为诱导期，ZVI 表面的铁发生溶解 [式（1-18）～式（1-20）]，由于 ZVI 的活化面积大，氧化剂前体的初始浓度高，产生的自由基可被迅速清除，导致第一阶段污染物降解缓慢；第二阶段称为快速降解阶段，这一阶段主要是由于 ZVI 表面或附近的 Fe^{2+} 发生均相催化氧化反应，第二阶段几乎所有 ZVI 表面的新鲜区域都被氧化铁覆盖[98]，ZVI 可以促进表面 Fe（Ⅲ）的还原。Gil-Pavas 等[99]使用废零价铁（SZVI）和 H_2O_2 来处理工业纺织品废水，SZVI/

H_2O_2 体系在 pH 值为 3、SZVI 投加量为 2000mg/L、H_2O_2 浓度为 24.5mmol/L 的条件下，反应 60min 时，SZVI/H_2O_2 体系对色度、COD 和 TOC 的去除率分别为 95%、76% 和 71%。Rahmani 等[100]以 nZVI 作为活化 H_2O_2 的催化剂，构建非均相光芬顿体系去除水中的邻苯二甲酸二甲酯（DMP），结果表明，在初始 pH 值为 4、DMP 浓度为 10mg/L、nZVI 投加量为 0.05g/L 的条件下，H_2O_2 浓度从 0.01mmol/L 增加至 0.1mmol/L，反应 120min 时，DMP 的去除率从 56% 提高到 96%。Hoa 等[101]比较了 ZVI、零价铝（ZVA）和零价铜（ZVC）活化 PDS 降解环丙沙星（CIP）的性能，结果表明，ZVI 活化 PDS 降解 CIP 的活性最高，当初始 pH 值为 3.0、PDS 浓度为 2.25mmol/L、ZVI 投加量为 126mg/L，反应 60min 时的 CIP 去除率为 84.5%±1.3%，CIP 的降解主要是因为体系中的 $SO_4^- \cdot$ 和 $\cdot OH$。Song 等[102]比较了 nZVI 和商用微米级零价铁（mZVI）与 PDS 联用降解多环芳烃（PAHs）的催化性能，以 nZVI 和 mZVI 为催化剂，PAHs 的去除率分别为 82.21% 和 69.14%，ZVI 的粒径越小，比表面积越大，催化活性越高，但 nZVI 的制备通常需要高成本，这可能会阻碍其大规模应用。Cao 等[103]探究了 Fe^0/PMS 体系中初始 pH 值对 TC 降解的影响，在 pH=3.0 的酸性条件下，TC 的去除率最高为 88.5%，而在初始 pH=7.0 的条件下仅去除了约 31.7% 的 TC，这种现象可能是因为酸性条件有利于 Fe^0 的腐蚀，从而产生更多溶解性的 Fe^{2+}，Fe^{2+} 与 PMS 反应生成了大量 ROSs，从而促进了 TC 的去除。ZVI 作为催化剂仍存在适用 pH 值范围（2~4）较窄的问题，可对 ZVI 进行预处理和改性以提高催化性能，或使用一些固体多孔材料（如介孔碳、沸石、蒙脱石等）来负载 nZVI，可以有效克服其在催化过程中的团聚和氧化现象。

$$Fe + H_2O_2 + 2H^+ \longrightarrow Fe^{2+} + 2H_2O \tag{1-18}$$

$$Fe + S_2O_8^{2-} \longrightarrow Fe^{2+} + 2SO_4^{2-} \tag{1-19}$$

$$Fe + HSO_5^- \longrightarrow Fe^{2+} + SO_4^{2-} + OH^- \tag{1-20}$$

1.3.1.2 铁（氢）氧化物

铁氧化物和铁氢氧化物可催化 PDS、PMS、H_2O_2 产生 ROSs 降解有机污染物，Fe_2O_3、Fe_3O_4、FeOOH 是研究最为广泛的含铁氧化物。赤铁矿、磁铁矿、针铁矿等天然铁矿物，其有效成分分别为 Fe_2O_3、Fe_3O_4、FeOOH，这些天然铁矿物可作为非均相催化剂。Jaafarzadeh 等[104]合成了 Fe_2O_3 纳米粒子（HNPs），并评估了 HNPs 激活 PMS 降解 2,4-D（2,4-二氯苯氧乙酸）的催化活性，当 pH 值为 6.0、PMS 为 3mmol/L、HNPs 投加量为 0.5g/L，反应 60min 时，2,4-D

的去除率约为 80%，而 Fe^{2+}/PMS 和 Fe^{3+}/PMS 在相同反应时间内分别去除了 40% 和 50% 的 2,4-D，与均相铁（Fe^{2+} 和 Fe^{3+}）相比，HNPs 表现出更好的催化性能。Song 等[105] 合成了丝瓜络衍生的磁性生物炭（Fe_2O_3@LBC），以 Fe_2O_3@LBC 为催化剂活化 PDS 降解头孢氨苄（CEX），结果表明，Fe_2O_3@LBC 活化 PDS 降解 CEX 的性能优于 LBC 和 Fe_2O_3，Fe_2O_3@LBC/PDS 体系在未调节 pH 值、反应温度为 30℃、PDS 浓度为 0.1g/L、Fe_2O_3@LBC 投加量为 0.4g/L 的条件下，CEX 的去除率约为 73.9%。Fe_3O_4 作为唯一具有混合价态的铁氧化物，在自然界中分布广泛。Fe_3O_4 是一种窄带隙为 0.1eV 的半导体，容易实现电子转移，常被用作非均相催化剂去除有机污染物[106]。Zhu 等[107] 采用原位生长法合成了 $Fe_3O_4/g\text{-}C_3N_4$ 纳米复合材料，研究了模拟太阳照射下罗丹明 B（RhB）的降解性能，在溶液初始 pH 值为 5、RhB 初始浓度为 10mg/L、$Fe_3O_4/g\text{-}C_3N_4$ 投加量为 0.5g/L 的条件下，反应 120min，RhB 的去除率约为 85%。Zhu 等[108] 制备了羧基纤维素水凝胶-Fe_3O_4 纳米催化剂（Fe_3O_4@CHC），用于活化 H_2O_2 降解罗丹明 B（RhB），在溶液初始 pH 值为 2、Fe_3O_4@CHC 投加量为 2.4g/L、H_2O_2 浓度为 1mmol/L 的条件下，180min 时的 RhB 去除率为 98.3%，体系中主要的活性物质是 •OH。尽管 Fe_3O_4 在反应过程中的铁浸出比 ZVI 少，但 Fe_3O_4 往往需要几个小时才能完全去除目标污染物[107,108]，反应过程中纳米粒子的团聚和反应后 Fe（Ⅱ）含量的降低是去除效率降低的主要原因。针铁矿具有表面积大、成本低、稳定性好等优点，Fe（Ⅲ）在 AOPs 体系中的活化效率远低于 Fe（Ⅱ），由于 Fe（Ⅲ）是针铁矿中铁的主要价态，因此单独使用针铁矿作为催化剂去除污染物的效率较低。

1.3.1.3　铁硫化物

铁硫化物（如 FeS_2）已被广泛用作芬顿氧化、电芬顿氧化和 PS 氧化过程中的催化剂［式（1-21）和式（1-22）］。Mashayekh Salehi 等[109] 将有效成分为 FeS_2 的天然黄铁矿作为催化剂，以 H_2O_2 为氧化剂，在初始 pH 值为 4.1、H_2O_2 浓度为 5mmol/L、黄铁矿用量为 1g/L 的条件下，50mg/L 的 TC 在 60min 时去除率达到 100%，连续循环四次后，将反应时间延长至 120min，TC 的去除率为 90%。Barhoumi 等[110] 以黄铁矿作为催化剂，以 BDD 或 Pt 和碳毡分别作为阳极和阴极，构建类电芬顿体系降解双氯芬酸钠（DCF），在电流密度为 $31.84mA/cm^2$ 和 pH 值为 7 时，50mg/L 的 DCF 在反应 120min 时的去除率可达 97.8%，当加入不同质量（0.2～2g）的黄铁矿后，溶液的 pH 值在短时间

（10min）内从初始 pH 值 6.71 下降到 3.28～3.74，酸化是由于黄铁矿表面发生式（1-23）的反应，体系中生成了 Fe^{2+}、SO_4^{2-} 和 H^+，黄铁矿可通过自我调节优化溶液的 pH 值，有利于在初始 pH 值为 3～9 的范围内催化 H_2O_2。周洋[111]考察了 FeS_2/PMS 体系对邻苯二甲酸二乙酯（DEP）的降解能力，当 FeS_2 浓度为 0.5g/L、PMS 为 2.0mmol/L，反应 240min 时，TOC 的去除率为 58.9%，FeS_2 表面的 Fe（Ⅱ）是发挥催化作用的活性位点，硫充当电子供体促进了表面 Fe（Ⅱ）的再生。He 等[112]提出，FeS_2 可活化 PDS 同时去除 2,4-DCP 和重金属 Cr（Ⅵ），2,4-DCP 的去除主要归因于 FeS_2 激活 PDS 产生的 $SO_4^-\cdot$ 和 $\cdot OH$，而 Cr（Ⅵ）的去除主要归因于 FeS_2 的还原能力。

$$2FeS_2 + 15H_2O_2 \longrightarrow 2Fe^{3+} + 14H_2O + 4SO_4^{2-} + 2H^+ \tag{1-21}$$

$$FeS_2 + 2S_2O_8^{2-} \longrightarrow Fe^{2+} + 2SO_4^-\cdot + 2SO_4^{2-} + 2S \tag{1-22}$$

$$2FeS_2 + 7O_2 + 2H_2O \longrightarrow 2Fe^{2+} + 4SO_4^{2-} + 4H^+ \tag{1-23}$$

1.3.2　铁基双金属非均相催化剂的研究现状

与单金属非均相催化剂相比，具有不同氧化还原电位的双金属非均相催化剂具有更高的稳定性、催化活性和多功能性（如光活性、磁性等）。

尖晶石铁氧体是一种典型的双金属铁基氧化物，通式为 MFe_2O_4（M 是 Co、Cu 和 Ni 等二价过渡金属），尖晶石铁氧体具有特殊的超顺磁性、光学和生物学特性以及高吸附容量和催化性能，因此，尖晶石铁氧体及其复合材料常被用作吸附剂、传感器、催化剂。钴铁氧体（$CoFe_2O_4$）是研究最为广泛的铁氧体之一，$CoFe_2O_4$ 是一种出色的电磁材料，具有中等饱和磁化强度、优异的化学稳定性和良好的机械强度[113]，是 AOPs 技术去除有机污染物常用的催化剂。Nie 等[114]合成了超薄铁钴氧化物纳米片（CoFe-ONS）用于活化 H_2O_2 去除 TC，在 CoFe-ONS 投加量为 0.3g/L、H_2O_2 浓度为 20mmol/L、pH 值为 7.0 的条件下，50mg/L TC 在反应 50min 时的去除率为 83.5%，$\cdot OH$ 是体系中主要的 ROSs，Fe（Ⅱ）/Fe（Ⅲ）和 Co（Ⅱ）/Co（Ⅲ）循环共同参与了 $\cdot OH$ 的生成。Hu 等[115]通过简便的溶剂热法分别合成 $CoFe_2O_4$ 还原氧化石墨烯（RGO）复合材料和 $CoFe_2O_4$ 纳米颗粒，将 $CoFe_2O_4$ 和 $CoFe_2O_4$-RGO 用作非均相光芬顿催化剂，与 $CoFe_2O_4$ 相比，在接近中性的 pH 条件下，$CoFe_2O_4$-RGO 对 H_2O_2 表现出更高的催化能力，在可见光照射下，$CoFe_2O_4$-RGO 优异的光芬顿活性是由于异质结有助于激发电子和空穴的分离，$CoFe_2O_4$-RGO 复合材料对阳离子亚甲基蓝的去除率高于对阴离子甲基橙的去除率，在最佳条件下反应 3.5 h，亚甲基蓝的去除率为 84.5%。钴铁双金属非均相催化剂在 PS 主导的高级氧化体系中也表现出良好的催化性能。Ma 等[116]以 AC 负载 CoFe 层状双氢氧化物（AC@CoFe-LDH）作为活化 PDS 降解洛美沙星（LMF）的催化剂，研究了 PDS 用量、催化剂浓度、初始 pH 值和温度等反应参数对 LMF 降解的影响，结果表明，与 AC、盐酸改性活性炭（AC-HCl）和 CoFe 层状双氢氧化物（CoFe-LDH）相比，AC@CoFe-LDH 复合材料表现出高催化活性，在 1g/L PDS、0.2g/L 催化剂、溶液 pH 值为 5 和反应温度为 25℃ 的条件下，反应 60min 时，LMF 的去除率为 93.2%。Yang 等[117]通过控制 Fe/Co 比合成了 $CoFe_2O_4$-Co_3O_4 纳米复合材料，并用于激活 PMS 降解水中的氯霉素（CAP），$CoFe_2O_4$-Co_3O_4 为球形纳米颗粒，孔分布均匀，具有独特的分级多孔结构，具有高比表面积和大孔容，CAP 在 $CoFe_2O_4$-Co_3O_4/PMS 体系中实现了高效去除，在催化剂投加量为 0.1g/L、PMS 浓度为 2mmol/L、pH 值为 8.20、反应温度为 25℃ 的条件下，10mg/L CAP 的去除率在 60min 时为 100%，整个降解依赖钴铁协同催化产生的 $SO_4^- \cdot$ 和 $\cdot OH$。Ren 等[118]采用溶胶凝胶法制备了 $CoFe_2O_4$、$CuFe_2O_4$、$MnFe_2O_4$ 和 $ZnFe_2O_4$，并比较了上述四种 MFe_2O_4 催化 PMS 降解邻苯二甲酸二正丁酯（DBP）的能力，反应 30min 时，DBP 的去除率分别为 81.0%、62.3%、42.3% 和 30.0%，催化 PMS 的活性顺序为 $CoFe_2O_4 > CuFe_2O_4 > MnFe_2O_4 > ZnFe_2O_4$。

铁酸铜（$CuFe_2O_4$）是一种尖晶石铁酸体材料，因其结构性质稳定、具有磁性、便于回收，可被作为非均相 Fenton 催化剂用于废水处理。现有研究将 Cu^0 修饰到 $CuFe_2O_4$ 上增强其催化效果，提高污染物的降解效果。Li 等[119]采用一步溶剂热法制备磁性 Cu-$CuFe_2O_4$ 作为非均相 Fenton 催化剂，实验结果表明 Cu^0 的引入可加强 $CuFe_2O_4$ 对亚甲基蓝的降解能力。由于 Cu（Ⅰ）/Cu（Ⅱ）氧化还原对可有助于活性 Fe（Ⅱ）的再生，催化活性显著提高。同时，多价 Cu 通过类 Haber-Weiss 机制催化 H_2O_2 分解为 $\cdot OH$，进一步提高了对目标有机污染物的降解性能。Yang 等[120]通过共沉淀法和煅烧法的简单组合制备了铜铁普鲁士蓝类似物（Cu_nFe_1-PBA，$n = 1,2,3,4$）纳米材料。利用合成的 Cu_nFe_1-PBA 复合催化剂激活 PMS 降解内分泌干扰物双酚 S（BPS）。结果表明，以 $CuFe_2O_4$ 和 CuO 为主的 Cu_3Fe_1-PBA 复合材料在 300℃ 下煅烧可激活 PMS 在降解 BPS 方面的催化活性。He 等[121]首次采用水热法和高温煅烧法将 $CuFe_2O_4$ 附着在 CuO 上，CuO 的（111）面与 $CuFe_2O_4$ 的（112）面形成表面异质结，作为吸附 PMS 的界面；$CuFe_2O_4$/CuO 具有良好的可重用性和稳定性，在最佳条件下，环丙沙星的去除率为 86.67%，矿化效率为 47.17%。Jia 等[122]为了解决磁性 $CuFe_2O_4$ 因团聚、电导率低和潜在金属离子浸出风险等导致的催化性能低的问题，采用电荷密度高、活性位点丰富的氮掺杂还原性氧化石墨烯（N-rGO）作为载体合成 $CuFe_2O_4@N-rGO$（CuFe@NG），并将其用于活化 PMS 降解磺胺甲噁唑（SMX）。结果表明，CuFe@NG/PMS 体系在 60min 内对 SMX 的降解率和矿化效率分别超过 93.15% 和 31.96%，其降解速率常数是 $CuFe_2O_4$/PMS 体系的 1.68 倍。深度氧化过程中 Fenton 反应最常见的问题是氧化剂利用率低、反应速度慢。为了有效地解决这两个问题，Zhong 等[123]采用简单的溶胶-凝胶煅烧方法设计了 Cu^0/$CuFe_2O_4$ 催化剂，该催化剂可以在碳和 Al_2O_3 组成的框架上原位生长，在 0.2g/L 催化剂条件下，在 60min 内对 15mg/L 四环素的降解率为 98.5%，对总有机碳的去除率为 84.1%。结果表明，协同效应和多功能框架提高了 H_2O_2 的利用率和催化剂的稳定性，Cu^0 与 H_2O_2 直接反应，加速了金属价态转换。衍生碳上的官能团将电子直接从催化剂转移到 H_2O_2 上，促进了 H_2O_2 的分解，$\cdot OH$、$^1O_2$ 和 $O_2^-\cdot$ 是主要的活性氧物种。

在各种 MFe_2O_4 中，铁酸镍（$NiFe_2O_4$）是唯一具有倒尖晶石结构的铁氧体，其结构的四面体（A）位被铁离子占据，八面体（B）位被铁离子和镍离子占据。由于 $NiFe_2O_4$ 纳米复合材料具有较高的光化学稳定性、热稳定性、磁可分离性、磁晶各向异性和合适的带隙能，通常被用作光催化剂和水裂解电催化剂。Zuo 等[124]在 Fe 与 Ni 的物质的量比为 1:1 的条件下，采用溶胶-凝胶法合成了 $NiFe_2O_4$。所得的 $NiFe_2O_4$ 对 PMS 有很好的活化作用。当加入 100mg/L $NiFe_2O_4$（1:1）和 40mg/L PMS 时，反应 15min 后，2,4-D 的降解效率达到 97.5%。结果表明，Fe^{2+}/Fe^{3+} 和 Ni^{2+}/Ni^{3+} 的转化有利于活化 PMS 生成 $\cdot OH$ 和 $SO_4^-\cdot$。Zuo 等[125]采用溶胶凝胶法合成了具有氧空位（OVs）的硼（B）掺杂 $NiFeO_x$ 催化剂以激活 PMS 降解 2,4-D；与 $NiFe_2O_4$/PMS 高级氧化体系相比，10B-$NiFe_2O_4$/PMS 体系对 2,4-D 的去除率提高了 26.4%。B 掺杂后，催化剂表面形成了 OVs。金属位和 OVs 有利于 $SO_4^-\cdot$ 的生成。Fe^{2+}/Fe^{3+} 和 Ni^{2+}/Ni^{3+} 的循环促进了 HSO_5^- 的界面电子转移。Li 等[126]采用了典型的柠檬酸高温煅烧的方法将 $NiFe_2O_4$ 纳米颗粒固定在沸石表面，该杂化催化剂表现出优异的 PMS 活化效率和双酚 A（BPA）降解性能。$NiFe_2O_4$/沸石/PMS 体系的反应速率常数为 0.1859min^{-1}，比 $NiFe_2O_4$/PMS 体系（0.0156min^{-1}）高 10.9 倍，表明在沸石存在的情况下，催化剂能有效地活化 PMS 实现 BPA 的快速降解和矿化。Li 等[126]在沸石表面对 $NiFe_2O_4$ 进行改性，利用杂化催化剂提高了 PMS 的活化效率和对 BPA 的降解性能。但需要注意的是，在完成第四个循环后 BPA 的去除率从 91.98％下降到 82.98％。

本章对高级氧化技术的类型及应用进行了较为详细的综述，基于 ·OH 和 $SO_4^-·$ 的非均相高级氧化技术作为水体中顽固性有机污染物的有效治理手段，具有广阔的应用前景。铁基催化剂特别是混合金属催化剂具有高氧化还原活性、多用途、高磁性等显著特点，其以碳材料为载体，负载金属催化剂活化 PS 及 H_2O_2，均具有良好的催化活性。

参考文献

[1] Glaze W H. Drinking-water treatment with ozone [J]. Environmental Science and Technology, 1987, 21 (3): 224-230.

[2] Rice R G, Robson C M, Miller G W, et al. Use of ozone in drinking water treatment [J]. American Water Works Association, 1981, 73 (1): 44-57.

[3] Li J, Pham A N, Dai R, et al. Recent advances in Cu-Fenton systems for the treatment of industrial wastewaters: Role of Cu complexes and Cu composites [J]. Journal of Hazardous Materials, 2020, 392: 122261.

[4] 徐辉，彭丹莉，郑致力，等. Fenton-纳米 TiO_2/UV 氧化法处理高浓度农药废水效果研究 [J]. 能源环境保护，2018，32 (06): 34-39.

[5] Gomes Junior O, Santos M G B, Nossol A B S, et al. Decontamination and toxicity removal of an industrial effluent containing pesticides via multistage treatment: Coagulation-flocculation-settling and photo-enton process [J]. Process Safety and Environmental Protection, 2021, 147: 674-683.

[6] Yang W, Zhou M, Oturan N, et al. Electrocatalytic destruction of pharmaceutical imatinib by electro-Fenton process with graphene-based cathode [J]. Electrochimica Acta, 2019, 305: 285-294.

[7] Simon R G, Stöckl M, Becker D, et al. Current to clean water—Electrochemical solutions for groundwater, water, and wastewater treatment [J]. Chemie-Ingenieur-Technik, 2018, 90 (11): 1832-1854.

[8] 刘宇峰. 新型钛基电极电化学氧化降解水中新兴有机污染物机制 [D]. 东莞：东莞理工学院，2023.

[9] 朱英实. 氮硫铁掺杂碳阴极电芬顿降解水中磺胺类抗生素的效能与机制 [D]. 哈尔滨：哈尔滨工业大学，2022.

[10] Hashimoto K, Irie H, Fujishima A. TiO_2 photocatalysis: A historical overview and future prospects [J]. Japanese Journal of Applied Science, 2005, 44 (12R): 8269.

[11] Fujishima A, Honda K. Electrochemical photolysis of water at a semiconductor electrode [J]. Nature, 1972, 238 (5358): 37-38.

[12] Wang S, Kuang P, Cheng B, et al. ZnO hierarchical microsphere for enhanced photocatalytic activity [J]. Journal of Alloys and Compounds, 2018, 741: 622-632.

[13] Hao X, Li M, Zhang L, et al. Photocatalyst $TiO_2/WO_3/GO$ nano-composite with high efficient photocatalytic performance for BPA degradation under visible light and solar light illumination [J]. Journal of Industrial and Engineering Chemistry, 2017, 55: 140-148.

[14] Hao X, Wang Y, Zhou J, et al. Zinc vacancy-promoted photocatalytic activity and photostability of ZnS for efficient visible-light-driven hydrogen evolution [J]. Applied Catalysis B: Environmental, 2018, 221: 302-311.

[15] Chen F, Ho P, Ran R, et al. Synergistic effect of CeO_2 modified TiO_2 photocatalyst on the enhancement of visible light photocatalytic performance [J]. Journal of Alloys and Compounds, 2017, 714: 560-566.

[16] Deng Y, Xing M, Zhang J. An advanced $TiO_2/Fe_2TiO_5/Fe_2O_3$ triple-heterojunction with enhanced and stable visible-light-driven fenton reaction for the removal of organic pollutants [J]. Applied Catalysis B: Environmental, 2017, 211: 157-166.

[17] Fiorenza R, Di Mauro A, Cantarella M, et al. Selective photodegradation of 2,4-D pesticide from water by molecularly imprinted TiO_2 [J]. Journal of Photochemistry and Photobiology A: Chemistry, 2019, 380: 111872.

[18] Chen Y, Wang Y, Li W, et al. Enhancement of photocatalytic performance with the use of noble-metal-decorated TiO_2 nanocrystals as highly active catalysts for aerobic oxidation under visible-light irradiation [J]. Applied Catalysis B: Environmental, 2017, 210: 352-367.

[19] Mohamed M M, Bayoumy W A, Goher M E, et al. Optimization of $\alpha\text{-}Fe_2O_3@Fe_3O_4$ incorporated $N\text{-}TiO_2$ as super effective photocatalysts under visible light irradiation [J]. Applied Surface Science, 2017, 412: 668-682.

[20] Lee J E, Bera S, Choi Y S, et al. Size-dependent plasmonic effects of M and $M@SiO_2$ (M=Au or Ag) deposited on TiO_2 in photocatalytic oxidation reactions [J]. Applied Catalysis B: Environmental, 2017, 214: 15-22.

[21] 马莹. 石墨烯/二氧化钛基多元复合膜光催化降解酚类污染物性能与机理研究 [D]. 长春: 东北师范大学, 2020.

[22] Wang J, Wang S. Activation of persulfate (PS) and peroxymonosulfate (PMS) and application for the degradation of emerging contaminants [J]. Chemical Engineering Journal, 2018, 334: 1502-1517.

[23] Neta P, Huie R E, Ross A B. Rate constants for reactions of inorganic radicals in aqueous solution [J]. Journal of Physical & Chemical Reference Data, 1988, 17 (3): 1027-1284.

[24] Xiao S, Cheng M, Zhong H, et al. Iron-mediated activation of persulfate and peroxymonosulfate in both homogeneous and heterogeneous ways: A review [J]. Chemical Engineering Journal, 2020, 384: 123265.

[25] Luo C W, Wu D J, Gan L, et al. Oxidation of Congo red by thermally activated persulfate process: Kinetics and transformation pathway [J]. Separation and Purification Technology, 2020,

244: 116839.

［26］Liu Y D, Zhang Y Z, Zhou A G, et al. Insights into carbon isotope fractionation on trichloroethene degradation in base activated persulfate process: The role of multiple reactive oxygen species ［J］. Science of the Total Environment, 2021, 800: 149371.

［27］Guan Y H, Chen J, Chen L J, et al. Comparison of UV/H_2O_2, UV/PMS, and UV/PDS in destruction of different reactivity compounds and formation of bromate and chlorate ［J］. Frontiers in Chemistry, 2020, 8: 581198.

［28］Ahn Y Y, Bae H, Kim H I, et al. Surface-loaded metal nanoparticles for peroxymonosulfate activation: Efficiency and mechanism reconnaissance ［J］. Applied Catalysis B: Environmental, 2019, 241: 561-569.

［29］Liu Z, Zhao C, Wang P, et al. Removal of carbamazepine in water by electro-activated carbon fiber-peroxydisulfate: Comparison, optimization, recycle, and mechanism study ［J］. Chemical Engineering Journal, 2018, 343: 28-36.

［30］Ji Y, Fan Y, Liu K, et al. Thermo activated persulfate oxidation of antibiotic sulfamethoxazole and structurally related compounds ［J］. Water Research, 2015, 87: 1-9.

［31］Sun Y, Zhao J, Zhang B T, et al. Oxidative degradation of chloroxylenol in aqueous solution by thermally activated persulfate: Kinetics, mechanisms and toxicities ［J］. Chemical Engineering Journal, 2019, 368: 553-563.

［32］张萍萍, 葛建华, 郭学涛, 等. 热活化过硫酸盐降解联苯胺的研究 ［J］. 水处理技术, 2016, 42 (3): 65-68, 75.

［33］Tan C, Gao N, Deng Y, et al. Heat-activated persulfate oxidation of diuron in water ［J］. Chemical Engineering Journal, 2012, 203: 294-300.

［34］Cai J, Zhou M, Yang W, et al. Degradation and mechanism of 2,4-dichlorophenoxyacetic acid (2, 4-D) by thermally activated persulfate oxidation ［J］. Chemosphere, 2018, 212 (DEC.): 784-793.

［35］Chen T, Ma J, Zhang Q, et al. Degradation of propranolol by UV-activated persulfate oxidation: Reaction kinetics, mechanisms, reactive sites, transformation pathways and Gaussian calculation ［J］. Science of the Total Environment, 2019, 690: 878-890.

［36］Gao Y Q, Gao N Y, Chu W H, et al. UV-activated persulfate oxidation of sulfamethoxypyridazine: Kinetics, degradation pathways and impact on DBP formation during subsequent chlorination ［J］. Chemical Engineering Journal, 2019, 370: 706-715.

［37］Liu Y, He X, Fu Y, et al. Kinetics and mechanism investigation on the destruction of oxytetracycline by UV-254nm activation of persulfate ［J］. Journal of Hazardous Materials, 2016, 305: 229-239.

［38］Shu H Y, Chang M C, Huang S W, et al. UV irradiation catalyzed persulfate advanced oxidation process for decolorization of Acid Blue 113 wastewater ［J］. Desalination and Water Treatment: Science and Engineering, 2015, 54 (4-5): 1013-1021.

［39］励佳, 吴彦霖, 蒋晓璇, 等. 紫外光下 $K_2S_2O_8$ 降解水中联苯的初步研究 ［J］. 复旦学报: 自然科学版, 2013, 52 (01): 62-68, 77.

［40］高乃云，肖雨亮，朱延平，等. UV 和 UV/过硫酸盐工艺降解安替比林的对比研究［J］. 中南大学学报，2014，45（09）：3308-3314.

［41］张兴俊. 基于硫酸根自由基的高级氧化技术处理双酚 A 废水的试验研究［D］. 郑州：郑州大学，2019.

［42］Anipsitakis G P, Dionysiou D D. Degradation of organic contaminants in water with sulfate radicals generated by the conjunction of peroxymonosulfate with cobalt［J］. Environmental Science & Technology, 2003,（20）：37.

［43］Dulova N, Kattel E, Trapido M. Degradation of naproxen by ferrous ion-activated hydrogen peroxide, persulfate and combined hydrogen peroxide/persulfate processes：The effect of citric acid addition［J］. Chemical Engineering Journal, 2017, 318：254-263.

［44］Diao Z H, Xu X R, Jiang D, et al. Bentonite-supported nanoscale zero-valent iron/persulfate system for the simultaneous removal of Cr（Ⅵ）and phenol from aqueous solutions［J］. Chemical Engineering Journal, 2016, 302：213-222.

［45］Nie M, Yan C, Li M, et al. Degradation of chloramphenicol by persulfate activated by Fe^{2+} and zerovalent iron［J］. Chemical Engineering Journal, 2015, 279：507-515.

［46］王琰涤，吕树光，顾小钢，等. EDDS 螯合 Fe（Ⅲ）活化过硫酸盐技术对 TCE 的降解效果［J］. 环境科学研究，2015，28（11）：1278-1733.

［47］Liang C, Bruell C J, Marley M C, et al. Persulfate oxidation for in situ remediation of TCE. Ⅱ. activated by chelated ferrous ion［J］. Chemosphere, 2004, 55（9）：1225-1233.

［48］杨世迎，马楠，王静，等. 零价铁催化过二硫酸盐降解苯胺［J］. 化工环保，2013，33（6）：481-485.

［49］Gao F, Li Y, Xiang B. Degradation of bisphenol A through transition metals activating persulfate process［J］. Ecotoxicology and Environmental Safety, 2018, 158：239-247.

［50］Liu Y, Guo W L, Guo H S, et al. Cu（Ⅱ）-doped V_2O_5 mediated persulfate activation for heterogeneous catalytic degradation of benzotriazole in aqueous solution［J］. Seperation and Purification Technology, 2020, 230：115848.

［51］Lei Y J, Tian Y, Sobhani Z, et al. Synergistic degradation of PFAS in water and soil by dual-frequency ultrasonic activated persulfate［J］. Chemical Engineering Journal, 2020, 388：124215.

［52］Yousefi N, Pourfadakari S, Esmaeili S, et al. Mineralization of high saline petrochemical wastewater using sonoelectro-activated persulfate：Degradation mechanisms and reaction kinetics［J］. Microchemical Journal, 2019, 147：1075-1082.

［53］Wang S, Zhou N. Removal of carbamazepine from aqueous solution using sono-activated persulfate process［J］. Ultrasonics Sonochemistry, 2016, 29：156-162.

［54］Chen W S, Su Y C. Removal of dinitrotoluenes in wastewater by sono-activated persulfate［J］. Ultrasonics Sonochemistry, 2012, 19（4）：921-927.

［55］李炳智. 超声/过硫酸盐联合降解 1,1,1-三氯乙烷的机理研究［J］. 安全与环境学报，2013，13（4）：29-36.

［56］Monteagudo J M，El-taliawy H，Durán A，et al. Sono-activated persulfate oxidation of diclofenac：Degradation，kinetics，pathway and contribution of the different radicals involved［J］. Journal of Hazardous Materials，2018，357：457-465.

［57］Chakma S，Praneeth S，Moholkar V S. Mechanistic investigations in sono-hybrid（ultrasound/ Fe^{2+} /UVC）techniques of persulfate activation for degradation of Azorubine［J］. Ultrasonics Sonochemistry，2017，38：652-663.

［58］宋浩然. 电活化过硫酸盐降解典型有机污染物效能与作用机制［D］. 哈尔滨：哈尔滨工业大学，2018.

［59］Wu J，Zhang H，Qiu J. Degradation of acid orange 7 in aqueous solution by a novel electro/ Fe^{2+} /peroxydisulfate process［J］. Journal of Hazardous Materials，2012，215-216：138-145.

［60］Zhang L，Ding W，Qiu J，et al. Modeling and optimization study on sulfamethoxazole degradation by electrochemically activated persulfate process［J］. Journal of Cleaner Production，2018，197：297-305.

［61］Govindan K，Raja M，Noel M，et al. Degradation of pentachlorophenol by hydroxyl radicals and sulfate radicals using electrochemical activation of peroxomonosulfate，peroxodisulfate and hydrogen peroxide［J］. Journal of Hazardous Materials，2014，272：42-51.

［62］Li J，Yan J，Yao G，et al. Improving the degradation of atrazine in the three-dimensional（3D）electrochemical process using $CuFe_2O_4$ as both particle electrode and catalyst for persulfate activation［J］. Chemical Engineering Journal，2019，361：1317-1332.

［63］Chen W S，Huang C P. Mineralization of aniline in aqueous solution by electro-activated persulfate oxidation enhanced with ultrasound［J］. Chemical Engineering Journal，2015，266：279-288.

［64］Candia Onfray C，Espinoza N，Sabino da Silva E B，et al. Treatment of winery wastewater by a-nodic oxidation using BDD electrode［J］. Chemosphere，2018，206：709-717.

［65］张君. 活性炭纤维催化过一硫酸氢盐降解水中的酸性橙 7［D］. 青岛：中国海洋大学，2014.

［66］Xiao P，Wang P，Li H，et al. New insights into bisphenols removal by nitrogen-rich nanocarbons：Synergistic effect between adsorption and oxidative degradation［J］. Journal of Hazardous Materials，2017，345（5）：123-130.

［67］Tian W，Zhang H，Duan X，et al. Nitrogen-and sulfur-codoped hierarchically porous carbon for adsorptive and oxidative removal of pharmaceutical contaminants［J］. ACS Applied Materials & Interfaces，2016，8（11）：7184-7193.

［68］Shi Y，Zhu J，Yuan G，et al. Activation of persulfate by EDTA-2K-derived nitrogen-doped porous carbons for organic contaminant removal：Radical and non-radical pathways［J］. Chemical Engineering Journal，2020，386：124009.

［69］王晨曦，万金泉，马邕文，等. 负载型颗粒活性炭催化过硫酸钠氧化降解橙黄 G［J］. 环境工程学报，2015，9（1）：213-218.

［70］Su S，Liu Y，He W，et al. A novel graphene oxide-carbon nanotubes anchored α-FeOOH hybrid activated persulfate system for enhanced degradation of orange Ⅱ［J］. Journal of Environmental Sciences，2019，83：73-84.

[71] 李玲. 高级氧化技术对双酚 A 的降解研究 [D]. 哈尔滨：哈尔滨工业大学，2014.

[72] 相青青. 碱活化过一硫酸盐及其在处理染料废水中的应用研究 [D]. 武汉：中南民族大学，2012.

[73] 朱杰，罗启仕，郭琳，等. 碱热活化过硫酸盐氧化水中氯苯的试验 [J]. 环境化学，2013，32 (12)：2256-2262.

[74] Qi C，Liu X，Ma J，et al. Activation of peroxymonosulfate by base：Implications for the degradation of organic pollutants [J]. Chemosphere，2016，151：280-288.

[75] Fenton H. LXXⅢ.—Oxidation of tartaric acid in presence of iron [J]. Journal of the Chemical Society Transactions，1894，65：899-910.

[76] Li D，Zheng T，Yu J，et al. Enhancement of the electro-Fenton degradation of organic contaminant by accelerating Fe^{3+}/Fe^{2+} cycle using hydroxylamine [J]. Journal of Industrial and Engineering Chemistry，2022，105：405-413.

[77] Sun H，Yao Y，Wei F，et al. Process optimization and mechanism study of acid red G degradation by electro-Fenton-Feox process as an in situ generation of H_2O_2 [J]. Turkish Journal of Chemistry，2021，45 (1)：5-16.

[78] Diao Z H，Chu W. FeS_2 assisted degradation of atrazine by bentonite-supported nZVI coupling with hydrogen peroxide process in water：Performance and mechanism [J]. Science of the Total Environment，2021，754：142155.

[79] Plaza J，Arencibia A，Jose Lopez Munoz M. Evaluation of nZVI for the degradation of atrazine in heterogeneous Fenton-like systems at circumneutral pH [J]. Journal of Environmental Chemical Engineering，2021，9 (6)：106641.

[80] Cheng M，Zeng G，Huang D，et al. Degradation of atrazine by a novel Fenton-like process and assessment the influence on the treated soil [J]. Journal of Hazardous Materials，2016，312：184-191.

[81] Zhou W，Meng X，Gao J，et al. Hydrogen peroxide generation from O_2 electroreduction for environmental remediation：A state-of-the-art review [J]. Chemosphere，2019，225：588-607.

[82] Zhao Y，Cui J，Zhou W，et al. Electrogeneration of H_2O_2 utilizing anodic O_2 on a polytetrafluoroethylene-modified cathode in a flow-through reactor [J]. Electrochemistry Communications，2020，121：106868.

[83] Perez T，Coria G，Sires I，et al. Electrosynthesis of hydrogen peroxide in a filter-press flow cell using graphite felt as air-diffusion cathode [J]. Journal of Electroanalytical Chemistry，2018，812：54-58.

[84] Jiao Y，Ma L，Tian Y，et al. A flow-through electro-Fenton process using modified activated carbon fiber cathode for orange Ⅱ removal [J]. Chemosphere，2020，252：126483.

[85] Zhang J，Qiu S，Feng H，et al. Efficient degradation of tetracycline using core-shell Fe@ Fe_2O_3-CeO_2 composite as novel heterogeneous electro-Fenton catalyst [J]. Chemical Engineering Journal，2022，428：131403.

[86] Zhang C，Zhou M，Yu X，et al. Modified iron-carbon as heterogeneous electro-Fenton catalyst for organic pollutant degradation in near neutral pH condition：Characterization，degradation activity and stability

[J]. Electrochimica Acta, 2015, 160: 254-262.

[87] Cui L, Li Z, Li Q, et al. Cu/CuFe$_2$O$_4$ integrated graphite felt as a stable bifunctional cathode for high-performance heterogeneous electro-Fenton oxidation [J]. Chemical Engineering Journal, 2021, 420: 127666.

[88] Zhang Y, Gao M, Wang S G, et al. Integrated electro-Fenton process enabled by a rotating Fe$_3$O$_4$/gas diffusion cathode for simultaneous generation and activation of H$_2$O$_2$ [J]. Electrochimica Acta, 2017, 231: 694-704.

[89] 王晨曦. 基于硫酸根自由基的不同高级氧化体系降解偶氮染料橙黄 G 的研究 [D]. 广州：华南理工大学, 2015.

[90] Liang C, Su H W. Identification of sulfate and hydroxyl radicals in thermally activated persulfate [J]. Industrial & Engineering Chemistry Research, 2009, 48 (11): 472-475.

[91] 刘一清, 苏冰琴, 陶艳, 等. 磁性纳米 Fe$_3$O$_4$ 活化过硫酸盐降解水中磺胺甲噁唑 [J]. 环境工程学报, 2020, 14 (09): 2515-2526.

[92] Saputra E, Muhammad S, Sun H, et al. Manganese oxides at different oxidation states for heterogeneous activation of peroxymonosulfate for phenol degradation in aqueous solutions [J]. Applied Catalysis B: Environmental, 2013, 142: 729-735.

[93] Peng J, Lu X, Jiang X, et al. Degradation of atrazine by persulfate activation with copper sulfide (CuS): Kinetics study, degradation pathways and mechanism [J]. Chemical Engineering Journal, 2018, 354: 740-752.

[94] Li J, Xu M, Yao G, et al. Enhancement of the degradation of atrazine through CoFe$_2$O$_4$ activated peroxymonosulfate (PMS) process: Kinetic, degradation intermediates, and toxicity evaluation [J]. Chemical Engineering Journal, 2018, 348: 1012-1024.

[95] Cai C, Zhang Z, Zhang H. Electro-assisted heterogeneous activation of persulfate by Fe/SBA-15 for the degradation of orange Ⅱ [J]. Journal of Hazardous Materials, 2016, 313: 209-218.

[96] Tang S, Zhao M, Yuan D, et al. MnFe$_2$O$_4$ nanoparticles promoted electrochemical oxidation coupling with persulfate activation for tetracycline degradation [J]. Separation and Purification Technology, 2021, 255: 117690.

[97] Zhu L, Li M, Qi H, et al. Using Fe-Cu/HGF composite cathodes for the degradation of diuron by electro-activated peroxydisulfate [J]. Chemosphere, 2022, 291 (3): 132897.

[98] Huang Y H, Zhang T C. Effects of dissolved oxygen on formation of corrosion products and concomitant oxygen and nitrate reduction in zero-valent iron systems with or without aqueous Fe^{2+} [J]. Water Research, 2005, 39 (9): 1751-1760.

[99] GilPavas E, Correa Sanchez S, Acosta D A. Using scrap zero valent iron to replace dissolved iron in the Fenton process for textile wastewater treatment: Optimization and assessment of toxicity and biodegradability [J]. Environmental Pollution, 2019, 252: 1709-1718.

[100] Rahmani A, Zolghadrnasab H, Poormohammadi A, et al. Photocatalytic removal of dimethyl phthalate using heterogeneous photofenton process with zero iron nanoparticles [J]. International Journal of

Environmental Analytical Chemistry, 2021, 103 (17): 6027-6044.

[101] Hoa N T, Nguyen H, Nguyen L, et al. Efficient removal of ciprofloxacin in aqueous solutions by zero-valent metal-activated persulfate oxidation: A comparative study [J]. Journal of Water Process Engineering, 2020, 35: 101199.

[102] Song Y, Fang G, Zhu C, et al. Zero-valent iron activated persulfate remediation of polycyclic aromatic hydrocarbon-contaminated soils: An in situ pilot-scale study [J]. Chemical Engineering Journal, 2019, 355: 65-75.

[103] Cao J, Lai L, Lai B, et al. Degradation of tetracycline by peroxymonosulfate activated with zero-valent iron: Performance, intermediates, toxicity and mechanism [J]. Chemical Engineering Journal, 2019, 364: 45-56.

[104] Jaafarzadeh N, Ghanbari F, Ahmadi M. Catalytic degradation of 2,4-dichlorophenoxyacetic acid (2,4-D) by nano-Fe_2O_3 activated peroxymonosulfate: Influential factors and mechanism determination [J]. Chemosphere, 2017, 169: 568-576.

[105] Song H, Li Q, Ye Y, et al. Degradation of cephalexin by persulfate activated with magnetic loofah biochar: Performance and mechanism [J]. Separation and Purification Technology, 2021, 272: 118971.

[106] Sepyani F, Soltani R D C, Jorfi S, et al. Implementation of continuously electro-generated Fe_3O_4 nanoparticles for activation of persulfate to decompose amoxicillin antibiotic in aquatic media: UV254 and ultrasound intensification [J]. Journal of Environmental Management, 2018, 224: 315-326.

[107] Zhu D, Liu S, Chen M, et al. Flower-like-flake Fe_3O_4/g-C_3N_4 nanocomposite: Facile synthesis, characterization, and enhanced photocatalytic performance [J]. Colloids and Surfaces A: Physicochemical and Engineering Aspects, 2018, 537: 372-382.

[108] Zhu X, Zhang L, Zou G, et al. Carboxylcellulose hydrogel confined-Fe_3O_4 nanoparticles catalyst for Fenton-like degradation of Rhodamine B [J]. International Journal of Biological Macromolecules, 2021, 180: 792-803.

[109] Mashayekh Salehi A, Akbarmojeni K, Roudbari A, et al. Use of mine waste for H_2O_2-assisted heterogeneous Fenton-like degradation of tetracycline by natural pyrite nanoparticles: Catalyst characterization, degradation mechanism, operational parameters and cytotoxicity assessment [J]. Journal of Cleaner Production, 2021, 291: 125235.

[110] Barhoumi N, Oturan N, Olvera-Vargas H, et al. Pyrite as a sustainable catalyst in electro-Fenton process for improving oxidation of sulfamethazine. Kinetics, mechanism and toxicity assessment [J]. Water Research, 2016, 94: 52-61.

[111] 周洋. 基于黄铁矿的非均相类-Fenton 反应高效降解邻苯二甲酸二乙酯的机制研究 [D]. 芜湖: 安徽师范大学, 2019.

[112] He P, Zhu J, Chen Y, et al. Pyrite-activated persulfate for simultaneous 2,4-DCP oxidation and Cr (Ⅵ) reduction [J]. Chemical Engineering Journal, 2021, 406: 126758.

[113] Sharifianjazi F, Moradi M, Parvin N, et al. Magnetic $CoFe_2O_4$ nanoparticles doped with metal ions: A review [J]. Ceramics International, 2020, 46 (11): 18391-18412.

[114] Nie M, Li Y, Li L, et al. Ultrathin iron-cobalt oxide nanosheets with enhanced H_2O_2 activation performance for efficient degradation of tetracycline [J]. Applied Surface Science, 2021, 535: 147655.

[115] Hu L, Li M, Cheng L, et al. Solvothermal synthesis of octahedral and magnetic $CoFe_2O_4$-reduced graphene oxide hybrids and their photo-Fenton-like behavior under visible-light irradiation [J]. Rsc Advances, 2021, 11 (36): 22250-22263.

[116] Ma Q, Nengzi L, Li B, et al. Heterogeneously catalyzed persulfate with activated carbon coated with CoFe layered double hydroxide (AC@CoFe-LDH) for the degradation of lomefloxacin [J]. Separation and Purification Technology, 2020, 235: 116204.

[117] Yang L X, Yang J C E, Yuan B L, et al. MOFs-derived magnetic hierarchically porous $CoFe_2O_4$-Co_3O_4 nanocomposite for interfacial radicals-induced catalysis to degrade chloramphenicol: Structure, performance and degradation pathway [J]. Colloids and Surfaces A: Physicochemical and Engineering Aspects, 2022, 633: 127859.

[118] Ren Y, Lin L, Ma J, et al. Sulfate radicals induced from peroxymonosulfate by magnetic ferrospinel MFe_2O_4 (M=Co, Cu, Mn, and Zn) as heterogeneous catalysts in the water [J]. Applied Catalysis B: Environmental, 2015, 165: 572-578.

[119] Li Z, Liu J, Ge M. Synthesis of magnetic $Cu/CuFe_2O_4$ nanocomposite as a highly efficient Fenton-like catalyst for methylene blue degradation [J]. Journal of Materials Science, 2018, 53: 15081-15095.

[120] Yang Y, Guo C, Zeng Y, et al. Peroxymonosulfate activation by CuFe-prussian blue analogues for the degradation of bisphenol S: Effect, mechanism, and pathway [J]. Chemosphere, 2023, 331: 138748.

[121] He B, Song L, Zhao Z, et al. $CuFe_2O_4/CuO$ magnetic nano-composite activates PMS to remove ciprofloxacin: Ecotoxicity and DFT calculation [J]. Chemical Engineering Journal, 2022, 446: 137183.

[122] Jia Y, Yang K, Zhang Z, et al. Heterogeneous activation of peroxymonosulfate by magnetic hybrid $CuFe_2O_4$@N-rGO for excellent sulfamethoxazole degradation: Interaction of $CuFe_2O_4$ with N-rGO and synergistic catalytic mechanism [J]. Chemosphere, 2023, 313: 137392.

[123] Zhong W, Peng Q, Liu K, et al. Building $Cu^0/CuFe_2O_4$ framework to efficiently degrade tetracycline and improve utilization of H_2O_2 in Fenton-like system [J]. Chemical Engineering Journal, 2023, 474: 145522.

[124] Zuo J, Wang B, Kang J, et al. Activation of peroxymonosulfate by nanoscaled $NiFe_2O_4$ magnetic particles for the degradation of 2,4-dichlorophenoxyacetic acid in water: Efficiency, mechanism and degradation pathways [J]. Separation and Purification Technology, 2022, 297: 121459.

[125] Zuo J, Shen J, Kang J, et al. B-doped $NiFe_2O_x$ based on the activation of peroxymonosulfate for degrading 2,4-dichlorophenoxyacetic acid in water [J]. Chemical Engineering Journal, 2023, 459: 141565.

[126] Li C, Yang S, Bian R, et al. Clinoptilolite mediated activation of peroxymonosulfate through spherical dispersion and oriented array of $NiFe_2O_4$: Upgrading synergy and performance [J]. Journal of Hazardous Materials, 2021, 407: 124736.

第 2 章

铁基非均相催化剂

2.1 表征测试方法

2.1.1 表面形貌分析

采用型号为 ZEISS Gemini 300 的扫描电子显微镜（SEM）对粉末催化剂和电极的表面形貌进行表征。首先将待测的催化剂和电极片样品固定在导电胶上，进行喷金处理；然后在不同的放大倍数下对待测样品进行表征测试。

2.1.2 微观结构分析

采用型号为 Talos F200x 的透射电子显微镜（TEM）和高分辨率 TEM（HRTEM）表征材料的微观形貌和结构。将粉末状的待测样品超声分散在乙醇中，然后将均匀的分散液滴在钼微栅表面，待完全干燥后进行 TEM 和 HRTEM 测试。

2.1.3 晶体结构分析

采用型号为 Bruker AXS D8 Advance 的 X 射线衍射仪（XRD）对粉末催化剂和电极的晶体结构进行表征。测试条件为：辐射源为 Cu-Kα，操作电压为 40 kV，电流为 40mA，扫描角度为 10°～80°，扫描速率为 10°/min。将测试数据用 Jade 6.5 软件对待测样品的晶体结构进行分析。

2.1.4 表面元素组成分析

采用型号为 Thermo ESCALAB 250XI 的 X 射线光电子能谱（XPS）对待测样品表面化学组成进行分析。激发源为 X 射线（Al-Kα 源），X 射线作用于样品表面后激发表面原子产生光电子，通过分析光电子的能量分布得到光电子能谱。运用 Avantage 软件对不同元素的能谱进行分峰拟合。

2.1.5 拉曼光谱分析

采用拉曼（Raman）光谱仪来表征待测样品的石墨化/缺陷程度。激发波长为 532 nm，波数范围为 500~4000cm^{-1}。

2.1.6　比表面积和孔结构分析

采用全自动比表面积及孔隙度分析仪（Autosorb iQ）对待测样品的比表面积和孔结构进行测试分析。测试条件如下：77K 氮气吸脱附，脱气温度为 200℃，脱气时间为 10h。

2.1.7　官能团结构分析

采用傅里叶变换红外光谱仪（FTIR）分析待测样品的官能团结构。

2.1.8　亲疏水性分析

接触角是考察液体对样品表面润湿性能的重要指标，常用来表征材料的表面性能。若待测样品与液体的接触角（θ）＜90°，则待测样品表面是亲水性的，θ越小，表明润湿性越好；若 θ＞90°，则待测样品表面是疏水性的，说明液体不易润湿样品表面。采用型号为 Dataphysics OCA20 的接触角测量仪对电极表面的亲疏水性进行分析。

2.1.9　热稳定性分析

热重与差示扫描量热法联用（TG-DSC）对待测样品的热稳定性进行分析。

2.1.10　磁性能分析

采用型号为 PPMS-9 的振动样品磁强计（VSM）研究待测样品的磁性。根据磁滞回线可得到测试样品的饱和磁化强度等信息。

2.1.11　电极电化学性能测试

采用 CHI 960E 电化学工作站对待测电极的电化学性能进行分析。电化学测试在三电极体系中进行，待测电极为工作电极，对电极是 Pt 片，Hg/Hg_2SO_4 为参比电极。循环伏安（CV）测试是以 10mmol/L 铁氰化钾（$K_3[Fe(CN)_6]$）溶液与 0.1mol/L 氯化钾（KCl）溶液作为电解质溶液对待测电极进行扫描以测试电化学活性面积，电位范围［相对于饱和甘汞电极（SCE）］为 -0.8~1.2V，扫速为 10mV/s。采用电化学阻抗谱（EIS）测试待测阴极的电子转移能力、电阻大小以及电解液与电极界面性能，以 50mmol/L Na$_2$SO$_4$ 溶液为电解质溶液，在开路电压下以 0.1Hz~1MHz 的频率范围和 5mV 振幅进行扫描。

2.2　目标物检测与分析方法

2.2.1　PS 检测方法

PDS 和 PMS 作为氧化剂，可与 KI 发生氧化还原反应，采用碘量法对体系中残留的氧化剂进行定量分析。具体的检测方法是将一定量的待测溶液置于比色管中，依次加入碳酸氢钠（NaHCO$_3$）和碘化钾（KI），加入 NaHCO$_3$ 的目的是避免 KI 氧化，定容比色管至 25mL，充分显色后在波长 352nm 处检测待测溶液的吸光度。将所得的吸光度利用标准曲线进行计算，可得剩余浓度。

2.2.2　H$_2$O$_2$ 检测方法

采用草酸钛钾-分光光度法对体系中产生的 H$_2$O$_2$ 进行定量分析，原理是 H$_2$O$_2$ 与草酸钛钾中的钛离子在酸性溶液中形成稳定的橙色络合物，此络合物的颜色强弱与待测液中 H$_2$O$_2$ 的含量成正比。具体的检测方法是将一定量的待测溶液置于比色管中，依次加入浓硫酸（酸化）和草酸钛钾溶液（显色剂），显色时间为 8min，然后在波长 400nm 处检测待测液的吸光度。将所得的吸光度利用标准曲线进行计算，可得 H$_2$O$_2$ 的浓度。

2.2.3　金属离子浓度测定方法

使用仪器型号为 Optima 8300 的电感耦合等离子体原子发射光谱仪（ICP-AES）对降解过程中浸出的金属离子浓度进行检测。

2.2.4　零电荷点测定方法

使用加盐法[1]确定零电荷点（pH$_{pzc}$）。通过使用浓度为 0.01mol/L 硝酸（HNO$_3$）或 0.01mol/L 氢氧化钠（NaOH）溶液将六份浓度为 0.01mol/L 的 NaNO$_3$ 溶液（40mL）的 pH 值调节为 2、4、6、8、10 和 12；随后，将等量的

催化剂投加到上述调节过 pH 值的 $NaNO_3$ 溶液中，室温条件下保持剧烈搅拌 24h，然后测量每份溶液的最终 pH 值，以最终 pH 值与初始 pH 值作图，两条线的交点即为 pH_{pzc}。

2.2.5　污染物检测方法

采用高效液相色谱仪对阿特拉津、敌草隆、磺胺甲噁唑、磺胺二甲嘧啶、磷酸氯喹、阿莫西林、阿替洛尔、苯酚的浓度进行检测，此色谱仪系统配备有 Waters 2489 紫外/可见检测器、1525 二元泵、Model 1500 柱温箱。阿特拉津、敌草隆、磺胺甲噁唑、磺胺二甲嘧啶和磷酸氯喹的检测均采用 Waters X-Select® HSS-T3 反相色谱柱（4.6mm×250mm，5μm）。阿莫西林和阿替洛尔的检测采用的色谱柱为 Waters X-Terra® MS-C_{18} 反相色谱柱（4.6mm×250mm，5μm）。不同污染物需选择不同的色谱柱、柱温、检测器波长及流动相，具体测试条件如下。

① 阿特拉津检测条件：检测波长设置为 230 nm，柱温维持在 35℃，流动相由甲醇/水混合物（83∶17，体积比）组成，流速为 1.0mL/min。

② 敌草隆检测条件：检测波长设置为 254 nm，柱温维持在 40℃，流动相由甲醇/水混合物（65∶30，体积比）组成，流速为 0.95mL/min。

③ 磺胺甲噁唑检测条件：检测波长设置为 266 nm，柱温维持在 40℃，流动相由甲醇/质量分数 0.5% 的乙酸水混合物（35∶65，体积比）组成，流速为 1.0mL/min。

④ 磺胺二甲嘧啶检测条件：检测波长设置为 263 nm，柱温维持在 35℃，流动相由甲醇/水混合物（45∶55，体积比）组成，流速为 1.0mL/min。

⑤ 磷酸氯喹检测条件：检测波长设置为 342 nm，柱温维持在 40℃，流动相由甲醇/高氯酸水混合物（50∶50，体积比）组成，流速为 1.0mL/min。

⑥ 阿莫西林检测条件：检测波长设置为 228 nm，柱温维持在 35℃，流动相由甲醇/10mmol/L 乙酸铵水混合物（83∶17，体积比）组成，流速为 1.0mL/min。

⑦ 阿替洛尔检测条件：检测波长设置为 223 nm，柱温维持在 30℃，流动相由甲醇/10mmol/L 乙酸铵水混合物（30∶70，体积比）组成，流速为 1.0mL/min。

⑧ 苯酚检测条件：双波长紫外检测器的波长分别设置为 275 nm 和 295 nm，柱温维持在 30℃，以甲醇-水溶液为流动相 [V（甲醇）∶V（水）= 3∶5]，流速为 0.8mL/min。

2.2.6　降解产物检测方法

通过 Agilent 1290 Infinity/6460 LC/QQQ MS 高效液相色谱-质谱联用仪（HPLC-MS）对阿特拉津降解过程中的中间产物进行检测分析。检测条件为：以含 0.1% 甲酸的超纯水（A）和乙腈（B）为流动相，流速为 0.3mL/min。A 和 B 流动相在开始时分别为 90% 和 10%，保持 3min，然后 B 流动相从 10% 增加到 50%，保持 6min，最后，B 流动相从 50% 降至 10%，保持恒定 1min。进样量为 20μL，毛细管电压为 135V，离子源温度为 300℃，氮气为脱溶剂气（流量为 5L/min），脱溶剂温度为 300℃，在质荷比（m/z）为 100～300 范围内使用正离子模式的电喷雾电离（ESI）进行全扫描分析。

2.3　评价指标与计算方法

2.3.1　污染物去除率计算

污染物的初始浓度与反应一段时间（t）时刻后的污染物剩余浓度的差值，与污染物初始浓度的比值即为污染物去除率，见式（2-1）：

$$污染物去除率 = \frac{C_0 - C_t}{C_0} \times 100\%　　　　(2-1)$$

式中　C_0——污染物初始浓度，mg/L；

　　　C_t——t 时刻污染物浓度，mg/L。

2.3.2　降解动力学分析

采用伪一级反应动力学模型对阿特拉津降解过程进行动力学拟合，见式（2-2）：

$$\ln(C_0/C_t) = kt　　　　(2-2)$$

式中　C_0——阿特拉津初始浓度，mg/L；

　　　C_t——t 时刻阿特拉津浓度，mg/L；

　　　t——反应时间，min；

　　　k——反应速率常数，min^{-1}。

2.3.3　电流效率计算

电流效率是评价阴极电合成 H_2O_2 的重要指标，见式（2-3）：

$$CE = \frac{nFCV}{It} \times 100\%$$

（2-3）

式中　CE——电流效率；

　　　n——电子转移数，生成 H_2O_2 的电子转移数为 2；

　　　F——法拉第常数，96485 C/mol；

　　　C——H_2O_2 浓度，mol/L；

　　　V——溶液体积，L；

　　　I——电流，A；

　　　t——反应时间，s。

2.3.4　矿化率计算

通过总有机碳（TOC）的去除率表示有机污染物的矿化率，见式（2-4）：

$$\text{矿化率} = \frac{TOC_0 - TOC_t}{TOC_0} \times 100\%$$

（2-4）

式中　TOC_0——初始 TOC 值，mg/L；

　　　TOC_t——t 时刻 TOC 值，mg/L。

2.3.5　能耗分析

阿特拉津降解过程中的总电能消耗计算见式（2-5）：

$$W = UIt$$

（2-5）

式中　W——电能消耗，J；

　　　U——平均电压，V；

　　　I——平均电流，A；

　　　t——总时长，s。

2.4　毒性评估

2.4.1　大肠埃希菌生长抑制实验

用大肠埃希菌的生长抑制率来表示降解过程中的毒性趋势。具体操作如下：将 10mL LB 液体培养基、2mL 反应液样品和 20μL 大肠埃希菌悬浮液混合后加入 50mL 带透气盖的培养瓶中，然后在 37℃ 的恒温摇床中孵育，以 250r/min 的转速振荡 20h。不加污染物的样品作为空白对照组，每隔一段时间取出的反应样品作为实验组，利用紫外可见分光光度计在波长为 600nm 处检测吸光度。抑制率（R）的计算见式（2-6）：

$$R = (A_b - A_t)/A_b \times 100\% \tag{2-6}$$

式中　A_b——空白样品的吸光度；

　　　A_t——反应样品的吸光度。

2.4.2　生态毒性评估

为进一步评估阿特拉津降解过程中的毒性变化，采用生态结构活动关系（ECOSAR）评估阿特拉津及其降解的中间产物对鱼类、水蚤和绿藻的生态毒性。对鱼类和水蚤的急性毒性用 LC_{50}（分别代表鱼类和水蚤暴露 96h 和 48h 后的半致死浓度）和 EC_{50}（代表绿藻暴露 96h 后的 50% 生长抑制浓度）表示；此外，鱼类、水蚤和绿藻的慢性毒性以 ChV（慢性毒性值）表示。一般复杂的化学物质含有不同的官能团，对应多个 ECOSAR 分类，因此以半致死浓度/生长抑制浓度的最小值作为估计值。根据全球化学品统一分类和标签制度[2]，毒性可分为"剧毒""有毒""有害"和"无害"四类，见表 2-1。

表 2-1　基于全球化学品统一分类和标签制度（GHS）的毒性分类

毒性范围/(mg/L)	类别
$LC_{50}/EC_{50}/ChV \leqslant 1$	剧毒
$1 < LC_{50}/EC_{50}/ChV \leqslant 10$	有毒
$10 < LC_{50}/EC_{50}/ChV \leqslant 100$	有害

续表

毒性范围/(mg/L)	类别
$LC_{50}/EC_{50}/ChV > 100$	无害

参考文献

[1] Cardenas Pena A M, Ibanez J G, Vasquez Medrano R. Determination of the point of zero charge for electrocoagulation precipitates from an iron anode [J]. International Journal of Electrochemical Science, 2012, 7 (7): 6142-6153.

[2] United Nations. Globally harmonized system of classiffcation and labelling of chemical (GHS), 4th ed. [Z]. United Nations Publications, New York, 2011.

第3章

镍铁基催化剂

过渡金属催化剂的有效性在很大程度上取决于 $M^{(n+1)^+}$ 到 M^{n+} 的转化能力。近年来，开发双金属掺杂催化剂活化 PMS 已成为一种研究趋势，已证实具有不同氧化还原电位的双金属催化剂可加速 $M^{(n+1)^+}/M^{n+}$ 氧化还原循环，保证 PMS 的高效活化。铁储量丰富，易得，低成本且无毒，铁基材料在污水处理中的应用引起了人们极大的兴趣。镍的催化活性高，价格低，与其他金属的相容性优越。由于粉末催化剂难以回收，镍和铁因其优异的磁性而受到广泛研究，通过合成镍铁双金属化合物可以提高催化性能和催化剂回收率。在空气或惰性气氛中经高温热处理后，普鲁士蓝类似物（PBAs）前体可以生成金属氧化物、碳化物或合金。PBAs 因其灵活的组成、易于管理的结构和优异的稳定性而受到广泛的关注。PBAs 的双金属氧化物催化剂在活化 PMS 方面的有效性已经得到证明，而合金纳米颗粒活化 PMS 用于废水处理的研究很少。与单一过渡金属或双金属氧化物催化剂相比，合金纳米颗粒表现出显著增强的催化性能，在含有主活性金属的合金中加入次级活性金属可导致活性原子的分散，从而增加暴露并降低能量势垒[1]。PBAs 衍生的 N 掺杂石墨碳镍铁合金催化剂用作 PMS 活化剂的报道很少，需要进一步研究以充分了解活化 PMS 降解有机污染物的催化机理。

本章以镍铁普鲁士蓝类似物（NiFe PBAs）为前驱体，通过惰性气体热解制备氮掺杂石墨碳镍铁合金（NiFe@NC）催化材料，考察不同实验条件（催化剂用量、氧化剂用量、初始 pH 值、温度、常见无机阴离子、腐殖酸）对阿特拉津去除效果的影响，并将这种催化剂拓展应用到去除农药类污染物敌草隆，药物类污染物磺胺甲噁唑、磺胺二甲嘧啶、磷酸氯喹、阿莫西林、阿替洛尔，以及酚类污染物苯酚中。此外，还评价了 NiFe@NC/PMS 系统在不同水体（湖水、河水、自来水等）条件下的适应性及稳定性，利用电子顺磁共振和淬灭实验鉴定自由基的类型，最后通过固定连续流实验，探讨了 NiFe@NC/PMS 工艺的可行性。

3.1 镍铁基催化剂的制备与表征

NiFe@NC 的合成：将 0.0285g 六水合氯化镍（$NiCl_2 \cdot 6H_2O$）和 0.2g 聚乙烯吡咯烷酮（PVP）溶解在 40mL 去离子水中，连续搅拌 30min，同时将 0.0263g 的 $K_3[Fe(CN)_6]$ 溶解在相同体积的去离子水中，上述两种溶液混合后充分搅拌得到均匀溶液，然后在室温（25℃）下陈化 24h。所得沉淀物离心，用乙醇和去离子水彻底清洗，然后在 80℃ 的真空干燥箱中干燥。将干燥后的沉淀物粉碎成粉末，在氮气气氛中，600℃ 的温度下，以 5℃/min 的升温速率煅烧 2h，最后得到黑色磁粉 NiFe@NC。

3.2 镍铁基催化剂活性评价

为了评估催化活性，将 100mL 阿特拉津溶液加到 150mL 锥形瓶中，并放置在恒温振荡器（240r/min，25℃）上。阿特拉津溶液的初始浓度为 10mg/L。通过引入一定量的催化剂和 PMS 引发催化氧化反应。在指定的时间间隔抽取 1mL 样品，通过 $0.22\mu m$ 聚四氟乙烯（PTFE）过滤器，并立即用 $0.4mol/L$ $Na_2S_2O_3$ 溶液（$30\mu L$）淬灭，以清除自由基和多余的氧化剂。通过特定污染物浓度变化的量来评价催化剂的性能。除有特别说明外，反应溶液的初始 pH 值为 5.9。在讨论初始 pH 值的影响时，首先使用 H_2SO_4 或 NaOH 溶液将溶液的初始 pH 值调节到所研究的值。反应结束后，对催化剂进行回收并进行稳定性测试，然后用去离子水和乙醇交替洗涤。所有实验过程至少重复两次。

3.3 镍铁基催化剂的晶相、形态和组成

XRD 图谱显示了不同材料的晶体结构（图 3-1），衍射峰在 17.3°、24.6°、35.1° 和 39.4° 处分别对应镍铁普鲁士蓝 $Ni_3[Fe(CN)_6]_2 \cdot 10H_2O$（PDF♯46-0906）[2] 的（200）、（220）、（400）和（420）晶面，没有检测到额外的杂质峰，表明已经成功合成了纯 NiFe PBA。NiFe PBA 煅烧后形成新的特征衍射峰，这可归因于氰化物（—CN）将金属芯还原到较低的氧化态[1]。在 43.5°、50.6° 和 74.5° 处观察到的衍射峰对应 NiFe 合金（PDF♯47-1417）的（111）、（200）和（220）晶面[3]。此外，位于 26.3° 的峰对应石墨碳的（002）晶面[4]。

在 NiFe PBA 的 FTIR 光谱中（图 3-2），$2167cm^{-1}$ 和 $2100cm^{-1}$ 处的特征峰对应 Fe^{3+}—CN—Ni^{2+} 和 Fe^{2+}—CN—Ni^{3+} 中的—CN—的伸缩振动[5]，$1610cm^{-1}$ 处的特征峰对应水分子的弯曲振动[6]。$3405cm^{-1}$ 的波段被分配给—OH 的伸缩振动。在 NiFe@NC 的 FTIR 光谱中，由于—CN—基团在煅烧后分解，与—CN—伸缩振动相关的峰消失[5]。$1633cm^{-1}$ 的波段与 C—N 键有关[7]，

$581cm^{-1}$ 附近的波段代表金属—O 振动[8]。

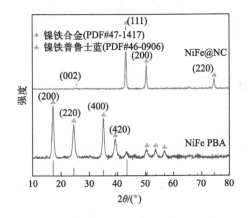

图 3-1   NiFe@NC 和 NiFe PBA 的 XRD 图

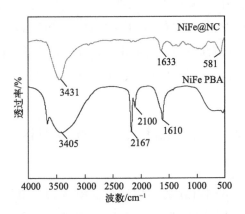

图 3-2   NiFe@NC 和 NiFe PBA 的 FTIR 图

使用 SEM、TEM 和 HRTEM 对 NiFe@NC 的形貌和微观结构进行了表征。如图 3-3 所示，合成的 NiFe@NC 为球形纳米颗粒。图 3-4（a）所示的 TEM 图像显示 NiFe@NC 材料中存在明显的"核壳"结构。—CN 配体在煅烧过程中转变为掺氮的石墨碳，形成了"核壳"结构，金属催化中心被包裹在石墨碳壳内[9]。这种"核壳"结构有效地抑制了 NiFe 合金颗粒的聚集，并保护其免受氧化和腐蚀，有助于提高催化剂的耐久性。如图 3-4（b）所示，石墨碳和 NiFe 合金具有较高的结晶度，晶格间距分别为 0.24nm 和 0.35nm，分别属于 NiFe 合金的（111）面和石墨碳的（002）面[9]。

(a)放大10000倍下NiFe@NC的SEM图

(b) 放大16000倍下NiFe@NC的SEM图

(c) 放大40000倍下NiFe@NC的SEM图

图 3-3　不同放大倍数下 NiFe@NC 的 SEM 图

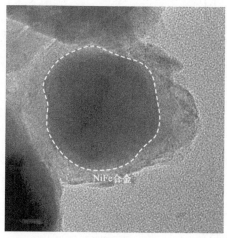

(a) TEM图

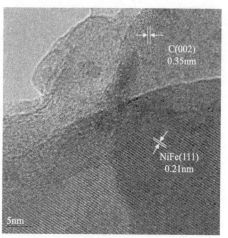

(b) HRTEM图

图 3-4　NiFe@NC 的 TEM 和 HRTEM 图

如图 3-5（书后另见彩图）所示，XPS 分析了 NiFe@NC 的元素组成。C 1s
光谱显示出不同的碳键［图 3-5（a）］，结合能分别为 284.8eV、285.6eV、
286.5eV 和 288.9eV，分别对应 C=C/C—C、C—N、C—O 和 C=O[10, 11]。
C—N 的存在表明碳骨架成功地引入了氮原子。N 1s 的 XPS 光谱如图 3-5（b）
所示，将其解卷积成 3 个位于 398.1eV、399.6eV 和 401.6eV 的拟合峰，分别对
应吡啶 N、吡咯 N 和石墨 N[12, 13]。如图 3-5（c）所示，O 1s XPS 光谱被拟合成

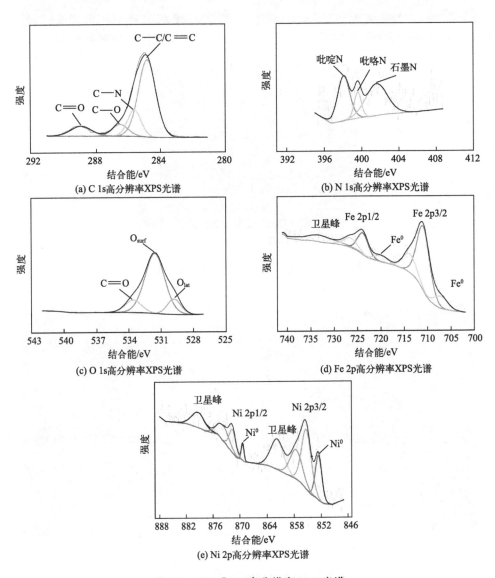

(a) C 1s高分辨率XPS光谱

(b) N 1s高分辨率XPS光谱

(c) O 1s高分辨率XPS光谱

(d) Fe 2p高分辨率XPS光谱

(e) Ni 2p高分辨率XPS光谱

图 3-5 NiFe@NC 高分辨率 XPS 光谱

3 个特征峰，分别是结合能为 529.8eV 的晶格氧（O_{latt}）[14]、结合能为 531.6eV 的表面氧（O_{surf}）[15]和结合能为 533.6eV 的 $C=O$[11]。如图 3-5（d）所示，结合能位于 711.2 eV 和 724.0eV 的拟合峰属于 Fe^{2+}，结合能位于 714.1eV 和 726.7eV 的拟合峰属于 Fe^{3+}[13]，位于 707.4eV 和 720.3eV 的拟合峰属于 Fe^0[16]。如图 3-5（e）所示，Ni 2p XPS 光谱可以解卷积成 6 个拟合峰，以及 2 个卫星峰（sat.）。在 857.8eV 和 874.5eV 处的拟合峰归为 Ni^{3+}[17]，在 855.4eV 和 871.7eV 处的拟合峰属于 Ni^{2+}[18]。此外，852.7eV 和 869.4eV 的拟合峰可归因于 Ni^0[19]。图 3-6 所示的 VSM 结果表明 NiFe@NC 具有良好的磁性能，可以回收再利用。

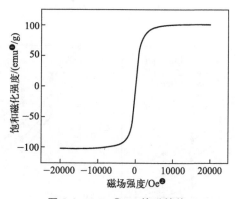

图 3-6 NiFe@NC 的磁性能

3.4 镍铁基催化剂应用于非均相高级氧化体系的性能研究

本节研究了不同剂量的 PMS 对阿特拉津降解的影响。如图 3-7（a）所示，在相同的反应时间内，PMS 浓度的增加导致阿特拉津的去除率逐渐提高。由于 PMS 浓度升高，导致 NiFe@NC/PMS 体系产生大量活性氧物种，从而加速阿特拉津的降解。PMS 浓度为 0.4mmol/L 时，可在 30min 内完全降解初始浓度为 10mg/L 的阿特拉津。本实验还研究了不同 PMS 剂量下的反应化学计量效率（RSE），利用 RSE 来评估 PS 的利用率。RSE 为降解的阿特拉津物质的量与消耗的 PS 物质的量的比值，公式为 RSE =（Δ阿特拉津/ΔPS）×100%。如图 3-8

❶ emu：电磁单位电流，1emu=10A。
❷ 1Oe=1G。

所示，在浓度为 0.1mmol/L 时，RSE 最高，为 46.25%，表明 PMS 的利用率最佳，但 PMS 的用量不足以完全降解阿特拉津。当 PMS 浓度为 0.4mmol/L 时，RSE 为 32.86%。然而，当 PMS 浓度增加到 0.5mmol/L 时，RSE 下降到 21.90%，这表明过量的 PMS 发生了自由基清除反应[20]，导致体系中发生大量副反应 [式（3-1a）～式（3-4）]：

$$HSO_5^- + SO_4^- \cdot \longrightarrow SO_5^- \cdot + HSO_4^- \tag{3-1a}$$

$$HSO_5^- + \cdot OH \longrightarrow SO_5^- \cdot + H_2O \tag{3-1b}$$

$$SO_4^- \cdot + SO_4^- \cdot \longrightarrow S_2O_8^{2-} \tag{3-2}$$

$$SO_4^- \cdot + \cdot OH \longrightarrow HSO_4^- + 1/2O_2 \tag{3-3}$$

$$\cdot OH + \cdot OH \longrightarrow H_2O_2 \tag{3-4}$$

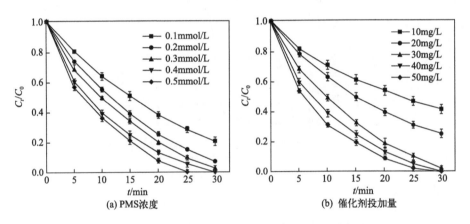

(a) PMS浓度　　(b) 催化剂投加量

图 3-7　PMS 浓度和催化剂投加量对降解效果的影响

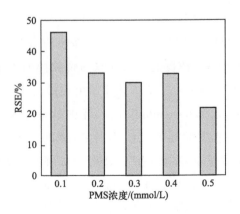

图 3-8　不同 PMS 浓度对应的 RSE

如图 3-7（b）所示，本实验研究了不同 NiFe@NC 投加量对阿特拉津降解的影响。在催化剂用量不足的情况下，阿特拉津的去除效果受到限制，活性位点的数量是限制因素。高剂量催化剂的存在使催化效果增强。具体来说，当剂量达到 40mg/L 时，由于提供了充足数量的活性位点，促进了 PMS 的活化，阿特拉津在 30min 内被完全消除，有效地加速了活性氧物种的形成。确定后续实验中催化剂用量为 40mg/L。

图 3-9（a）显示了 NiFe@NC 在不同 pH 值下的催化性能。NiFe@NC/PMS 体系在 pH 值为 4.0～9.0 范围内对阿特拉津有较好的去除效果。其中，在初始 pH 值为 5.9 的条件下，反应 30min 后，阿特拉津的去除率达到 100%。pK_a 值表明，在研究的 pH 值范围内，阿特拉津带负电荷，HSO_5^- 是本研究中主要的 PMS 类型，其 pK_a 值分别为 $pK_{a1} < 0$ 和 $pK_{a2} = 9.4$[21]。由图 3-10 可知，NiFe@NC 的 pH_{pzc} 值为 6.5，表明在 pH 值为 5.9 时催化剂表面带正电荷。这种正电荷促进 NiFe@NC 与带负电荷的 PMS 和阿特拉津阴离子之间的静电吸引，导致 $SO_4^-\cdot$ 的产生和阿特拉津的去除。然而，在酸性条件（pH=4.0）下，H^+ 与 HSO_5^- 的相互作用抑制了 PMS 的活化[22]，导致阿特拉津降解效率下降。NiFe@NC/PMS 系统具有很宽的 pH 值适用范围，pH 值在 4.0～9.0 范围内可以有效去除阿特拉津。同时本实验对金属离子的浸出量进行了测试（图 3-11），在 pH 值为 5.9 时，镍离子和铁离子的浓度分别为 0.21mg/L 和 0.14mg/L，低于环境标准限值（GB 25467—2010 中 Ni < 1.0mg/L，GB 13456—2012 中 Fe < 2mg/L）[23]。因此，NiFe@NC 是一种高效环保的非均相催化剂。如图 3-9（b）所示，本实验研究了不同温度对阿特拉津降解的影响。温度的升高加剧了分子的扩散和 PMS 的断键，从而显著加快了污染物的去除。随着反应温度从 15℃ 增加到 45℃，反应速率常数从 0.06min^{-1} 增加到 0.19min^{-1}。利用 Arrhenius 方程［式（3-5）］确定的活化能为 29.9kJ/mol（图 3-12），这表明阿特拉津的降解主要由 NiFe@NC 的表面反应控制，而不是扩散反应[21]。本研究的活化能低于已报道的催化剂 Fe-TC-900/PMS（49.3kJ/mol）[24]、CoFe$_2$O$_4$/TNT/PMS（70.65kJ/mol）[25] 和 CoFe@NC-600/CCM（壳聚糖碳化微球）（47.39kJ/mol）[26]，说明 NiFe@NC 具有良好的催化性能。

$$\ln k = \ln A - \frac{E_a}{RT} \tag{3-5}$$

式中　k——反应速率常数；

　　　R——摩尔气体常数，8.314J/（mol·K）；

A——前因子；

T——热力学温度。

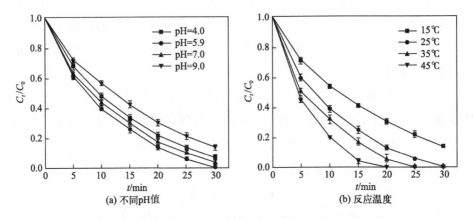

(a) 不同pH值　　　　　　　　　(b) 反应温度

图 3-9　不同 pH 值和反应温度对降解效果的影响

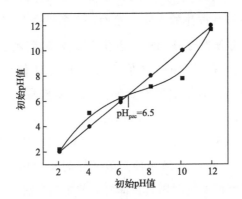

图 3-10　NiFe@NC 的零点电荷 pH_{pzc}

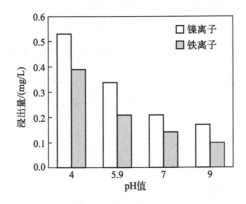

图 3-11　不同 pH 值下的金属离子浸出量

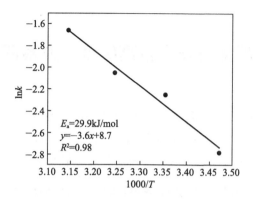

图 3-12 NiFe@NC 的活化能

在实际的水环境中，通常会发现一系列无机阴离子和有机物。在反应过程中产生的活性氧物种可能与无机阴离子和有机物发生反应，阻碍目标污染物的去除。如图 3-13（a）所示，研究了固定浓度（5mmol/L）的 Cl^-、$H_2PO_4^-$、HCO_3^- 和 NO_3^- 对阿特拉津去除的影响。NO_3^- 对阿特拉津去除的影响最小。$H_2PO_4^-$ 促进阿特拉津的降解是因为磷酸自由基促进活性氧物种的形成[7]，从而加速了目标污染物的降解。Cl^- 和 HCO_3^- 的存在显著抑制了阿特拉津的去除效果。这可能是由于 Cl^- 和 HCO_3^- 消耗了高活性自由基，形成了低氧化能力的 $Cl\cdot$ 和 $HCO_3\cdot$ 等低效自由基[27]。此外，天然有机物（NOM）的代表性成分腐殖酸（HA）也阻碍了阿特拉津的降解。$SO_4^-\cdot$ 和 $\cdot OH$ 与 NOM 的反应速率常数分别为 $2.35 \times 10^7\, mol/(L\cdot s)$ 和 $3 \times 10^8\, mol/(L\cdot s)$[28]。因此，体系中的 $SO_4^-\cdot$ 和 $\cdot OH$ 与 HA 发生反应，导致活性氧物种被 HA 消耗，抑制了阿特拉津的去除，如图 3-13（b）所示。

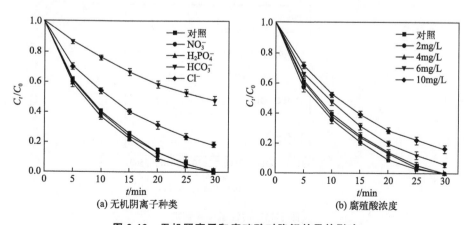

图 3-13 无机阴离子和腐殖酸对降解效果的影响

3.5   镍铁基催化剂非均相高级氧化体系催化机理探究

进行自由基淬灭实验以鉴定 NiFe@NC/PMS 系统中的活性氧物种。选择对苯醌（BQ）、叔丁醇（TBA）、甲醇（MeOH）和 β-胡萝卜素作为淬灭剂。如图 3-14（a）所示，TBA 作为 ·OH 捕获剂，有效抑制了阿特拉津的降解，BQ 用于清除超氧阴离子自由基（·O_2^-），MeOH 作为捕集剂淬灭 SO_4^-· 和 ·OH，β-胡萝卜素作为单线态氧（$^1O_2$）的淬灭剂。β-胡萝卜素因不溶于水，所以在考察体系中是否存在单线态氧时先将 β-胡萝卜素溶解在 MeOH 中，随后加到 NiFe@NC/PMS 体系中进行反应。结合图 3-14（b）的结果，在 NiFe@NC/PMS 体系中加入 TBA 后，阿特拉津的去除率降至 82.5%，反应速率常数为 0.062min^{-1}。

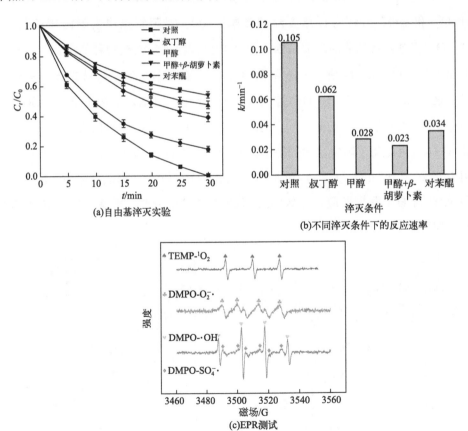

(a)自由基淬灭实验

(b)不同淬灭条件下的反应速率

(c)EPR测试

图 3-14   活性氧物种鉴定

加入 MeOH 进一步抑制了阿特拉津的降解，去除率为 53.6%，反应速率常数为 0.028min^{-1}，说明 $SO_4^-\cdot$ 和 $\cdot OH$ 参与了阿特拉津的降解过程。同时加入 β-胡萝卜素和 MeOH 时，阿特拉津的去除率为 46.8%，略低于单独加入 MeOH 时的去除率，说明体系中的 $^1O_2$ 参与了阿特拉津的去除。然而，$^1O_2$ 对去除阿特拉津的贡献是有限的。此外，BQ 的引入导致阿特拉津的去除率下降至 61.4%，表明系统中产生了 $O_2^-\cdot$。5,5-二甲基-1-吡咯啉-N-氧化物（DMPO）作为一种常见的自由基捕获剂，DMPO 与 $\cdot OH$ 和 $SO_4^-\cdot$ 反应分别生成 DMPO-$\cdot OH$ 和 DMPO-$SO_4^-\cdot$ 的加成产物，从而产生可检测的特征信号峰[29,30]。如图 3-14（c）所示，信号强度比为 1∶2∶2∶1 的峰被认为是 DMPO-$\cdot OH$，表明体系中存在 $\cdot OH$，同时也观察到 DMPO-$SO_4^-\cdot$ 的特征峰。检测到的信号强度比为 1∶1∶1∶1 的峰，归因于 DMPO-$O_2^-\cdot$，此外 1∶1∶1 的信号强度比作为 $^1O_2$ 的特征峰值信号。根据淬灭实验和电子顺磁共振（EPR）光谱结果分析，确定阿特拉津的去除包括自由基（$SO_4^-\cdot$、$\cdot OH$ 和 $O_2^-\cdot$）和非自由基（$^1O_2$）的参与，前者是主要途径，后者是辅助途径。

　　暴露的过渡金属可以作为活化 PMS 的催化位点，触发界面反应以降解目标污染物。利用 XPS 光谱测定反应前后金属离子的价态和含量，进一步阐明了活化过程。如图 3-15（书后另见彩图）所示，Fe（Ⅱ）的含量从反应前的 63.1% 下降到使用后的 57.0%，Fe（Ⅲ）的含量从 22.3% 上升到 29.9%，Fe^0 的含量从 14.6% 下降到 13.1%。Ni（Ⅱ）的含量从 45.4% 下降到 26.3%，Ni（Ⅲ）的含量从 34.3% 上升到 56.2%，Ni^0 的含量从 20.3% 下降到 17.5%。Fe（Ⅱ）和 Ni（Ⅱ）作为催化位点将电子转移到 HSO_5^- 上，形成 $SO_4^-\cdot$，低价金属物质被氧化为 Fe（Ⅲ）和 Ni（Ⅲ）[式（3-6）和式（3-7）][31]。Fe^0 和 Ni^0 也能激活 HSO_5^- 产生活性氧物种[7]。Fe^{3+}/Fe^{2+}、Ni^{3+}/Ni^{2+} 和 $SO_5^-\cdot/HSO_5^-$ 的氧化还原电位分别为 0.77 V、0.48 V 和 1.10 V[22]。从热力学角度看，PMS 可以诱导 Fe^{3+} 和 Ni^{3+} 转化为 Fe^{2+} 和 Ni^{2+}，并产生氧化能力较弱的 $SO_5^-\cdot$。阿特拉津受到 $SO_4^-\cdot$、$\cdot OH$、$O_2^-\cdot$ 和 $^1O_2$ 的攻击，生成多种中间体，这些中间体随后可以矿化成 CO_2 和 H_2O。NiFe@NC/PMS 体系降解阿特拉津的催化机理如图 3-16 所示（书后另见彩图）。

$$Fe^{2+} + HSO_5^- \longrightarrow Fe^{3+} + SO_4^-\cdot + OH^- \tag{3-6}$$

$$Ni^{2+} + HSO_5^- \longrightarrow Ni^{3+} + SO_4^-\cdot + OH^- \tag{3-7}$$

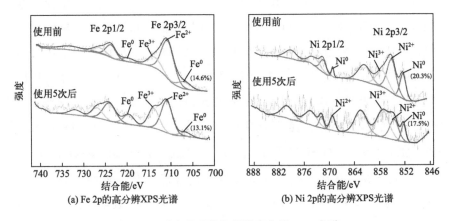

图 3-15 反应前后催化剂的高分辨 XPS 光谱

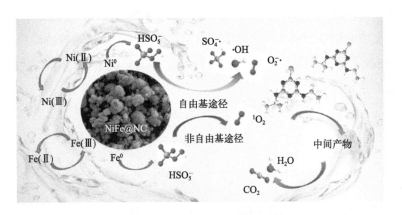

图 3-16 NiFe@NC/PMS 体系降解阿特拉津的催化机理

3.6 镍铁基催化剂在不同实际水体中的应用研究

本节研究了 NiFe@NC 在从各种水源中去除阿特拉津的有效性。图 3-17（a）为 NiFe@NC 在生活污水、河水、自来水和去离子水中降解阿特拉津的应用研究。自来水中阿特拉津的降解率与去离子水相当，在 30min 的反应时间内，阿特拉津在河水和生活污水中的去除率分别为 84.6% 和 67.7%，这不仅是因为河水和生活污水中含有较多的阴离子（Cl^-、HCO_3^- 和 NO_3^-）消耗了活性氧物种，还因为有机物可能覆盖了催化位点，并且与目标污染物竞争活性氧物种，导致阿特拉津的去除率明显低于去离子水，但仍在可接受范围内。镍铁基催化剂在不同水体中的应用研究表明 NiFe@NC 对实际水体具有潜在的应用价值。

3.7　镍铁基催化剂降解不同污染物的适用性研究

图 3-17（b）为镍铁基催化剂对不同官能团污染物的降解效果。污染物的初始浓度均为 10mg/L，反应 30min 后，阿特拉津、敌草隆、阿莫西林、磷酸氯喹和磺胺甲噁唑的降解效率分别为 100％、100％、97.4％、93.3％ 和 87.1％，表明 NiFe@NC 对不同污染物均有较好的去除效果。

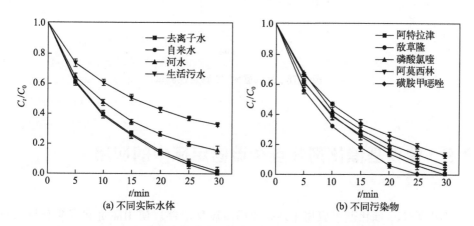

图 3-17　实际水体种类和污染物种类对降解效果的影响

3.8　镍铁基催化剂的稳定性

NiFe@NC 已被证明是一种实用且可回收的非均相催化剂，因此有必要对 NiFe@NC 的稳定性进行考察。每次降解实验结束后，使用磁铁回收 NiFe@NC，清洗，并在真空下干燥。在相同条件下进行连续的降解实验。由于每次实验中可用的催化剂数量有限，为了获得下一个循环所需的足够数量的催化剂，在相同的条件下进行了平行实验。如图 3-18 所示，在连续 5 个循环中阿特拉津的去除率始终较高，在相同的反应时间内分别达到 100％、99.0％、95.5％、92.6％ 和 91.5％，表明 NiFe@NC 具有良好的稳定性和可重复性。催化剂活性的轻微下降可归因于附着在催化剂表面的有机物可能占据了活性位点。在再生实验中，经过

5 个循环后的催化剂在 600℃氮气气氛下进行热处理，以去除吸附在催化剂表面的有机物。反应 30min 后，阿特拉津的去除率恢复到 95.8%，表明通过简单的热处理即可恢复 NiFe@NC 的性能。

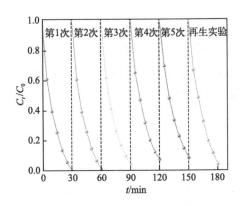

图 3-18　NiFe@NC 的稳定性测试

3.9　镍铁基催化剂在连续流固定床中的应用

NiFe@NC 催化剂可应用于连续流固定床反应器。使用廉价和容易获得的石墨毡作为基体，质量分数为 2% 的聚四氟乙烯被用作黏合剂黏附 NiFe@NC 到石墨毡上。将反应装置体积扩大至 0.6L，通过蠕动泵控制水力停留时间为 60min，连续运行 1320min 后，阿特拉津的去除率保持在 91% 以上（图 3-19）。NiFe@NC 催化剂能长时间、连续、高效地催化和活化 PMS。该装置不需要额外的能量，反应操作简单，表明该催化剂在实际废水处理中具有潜在的应用前景。

综上所述，本章提出了一种在惰性气氛下一步煅烧合成氮掺杂石墨碳包裹 NiFe 合金催化剂的简便方法。所得 NiFe@NC 材料表现出明显的核壳结构，并被用于激活 PMS 降解阿特拉津。在最佳条件下，浓度为 10mg/L 的阿特拉津可在 30min 内被完全去除。NiFe@NC/PMS 体系适用于较宽的 pH 值范围（4.0～9.0），并且对 Cl^-、$H_2PO_4^-$ 和 NO_3^- 具有较强的耐腐蚀性。NiFe@NC 催化剂对不同实际水体中阿特拉津的降解及不同污染物（敌草隆、阿莫西林、磷酸氯喹和磺胺甲噁唑）的去除均表现出良好的催化效果。NiFe@NC 材料具有良好的可重复使用性，经过 5 次循环使用后阿特拉津的去除率仍高于 90%，且经过简单的热

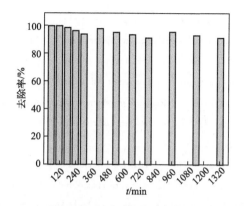

图 3-19　阿特拉津在固定床连续流反应器中的降解

处理后，催化活性得到了很大程度的恢复。阿特拉津的降解主要通过 $SO_4^-\cdot$、$\cdot OH$、$O_2^-\cdot$ 和 $^1O_2$ 的参与实现。本研究合成的镍铁基磁性催化剂具有良好的稳定性和适用性，为去除难降解有机物提供了思路。

参考文献

［1］Wang A, Ni J, Wang W, et al. MOF Derived Co-Fe nitrogen doped graphite carbon@crosslinked magnetic chitosan micro-nanoreactor for environmental applications: Synergy enhancement effect of adsorption-PMS activation ［J］. Applied Catalysis B: Environmental, 2022, 319: 121926.

［2］Gao Z, Li Y, Zhang C, et al. An enzyme-free immunosensor for sensitive determination of procalcitonin using NiFe PBA nanocubes@TB as the sensing matrix ［J］. Analytica Chimica Acta, 2020, 1097: 169-175.

［3］Gao W, Liu Y, Zhang Y, et al. Nitrogen-doped graphitized porous carbon with embedded NiFe alloy nanoparticles to enhance electrochemical performance for lithium-sulfur batteries ［J］. Journal of Alloys and Compounds, 2021, 882: 160728.

［4］Pu M, Wan J, Zhang F, et al. Insight into degradation mechanism of sulfamethoxazole by metal-organic framework derived novel magnetic Fe@C composite activated persulfate ［J］. Journal of Hazardous Materials, 2021, 414: 125598.

［5］Lezna R O, Romagnoli R, de Tacconi N R, et al. Cobalt hexacyanoferrate: Compound stoichiometry, infrared spectroelectrochemistry, and photoinduced electron transfer ［J］. The Journal of Physical Chemistry B, 2002, 106 (14): 3612-3621.

［6］Guo F, Zhang Y, Cai L, et al. NiFe prussian blue analogue nanocages decorated magnesium hydroxide rod for enhancing fire safety and mechanical properties of epoxy resin ［J］. Composites Part B: Engineering，2022，233：109650.

[7] Liu Z，Sun X，Sun Z. CoNi alloy anchored onto N-doped porous carbon for the removal of sulfame-thoxazole：Catalyst, mechanism, toxicity analysis, and application [J]. Chemosphere, 2022, 308：136291.

[8] Guo M，Ye L，Zhao L. Solid-state-grinding method to synthesize NiCoFe alloy/NiCoFe—OH nanosheets for asymmetric supercapacitor [J]. Journal of Alloys and Compounds, 2021, 850：156787.

[9] Yue X，Song C，Yan Z，et al. Reduced graphene oxide supported nitrogen-doped porous car-bon-coated NiFe alloy composite with excellent electrocatalytic activity for oxygen evolution reaction [J]. Applied Surface Science, 2019, 493：963-974.

[10] Li X，Jia Y，Zhou M，et al. High-efficiency degradation of organic pollutants with Fe, N co-doped biochar catalysts via persulfate activation [J]. Journal of Hazardous Materials, 2020, 397：122764.

[11] Qi H，Sun X，Sun Z. Cu-doped Fe_2O_3 nanoparticles/etched graphite felt as bifunctional cathode for efficient degradation of sulfamethoxazole in the heterogeneous electro-Fenton process [J]. Chemical Engi-neering Journal, 2022, 427：131695.

[12] Xu Y，Zhu T，Niu Y，et al. Electrochemical detection of glutamate by metal-organic frame-works-derived Ni@NC electrocatalysts [J]. Microchemical Journal, 2022, 175：107229.

[13] Xu Z，Chen G，Yang F，et al. Graphene-supported Fe/Ni single atoms and FeNi alloy nanoparti-cles as bifunctional oxygen electrocatalysts for rechargeable zinc-air batteries [J]. Electrochimica Acta, 2023, 458：142549.

[14] Long G，Liu Y，Chen M，et al. Effects of ultrasound on synthesis and performance of manganese-based/ graphene oxide oxygen reduction catalysts for aluminum-air batteries [J]. Journal of Pow-er Sources, 2023, 573：233150.

[15] Wu Q，Dong C，Chen M，et al. Silica enhanced activation and stability of Fe/Mn decorated sludge biochar composite for tetracycline degradation [J]. Chemosphere, 2023, 328：138614.

[16] Liu B，Yuan B，Wang C，et al. Highly-dispersed NiFe alloys in-situ anchored on outer surface of Co, N co-doped carbon nanotubes with enhanced stability for oxygen electrocatalysis [J]. Journal of Colloid and Interface Science, 2023, 635：208-220.

[17] Miao J，Zhao X，Hu H Y，et al. Hierarchical ultrathin NiFe-borate layered double hydroxide nanosheets encapsulated into biomass-derived nitrogen-doped carbon for efficient electrocatalytic oxygen evo-lution [J]. Colloids and Surfaces A：Physicochemical and Engineering Aspects, 2022, 635：128092.

[18] He Z H，Shi J J，Wei Y Y，et al. Boosting electrocatalytic CO_2 reduction over Ni/CN catalysts de-rived from metal-triazolate-framework by doping with chlorine [J]. Molecular Catalysis, 2023, 541：113083.

[19] Chen Z，Liu X，Shen T，et al. Porous NiFe alloys synthesized via freeze casting as bifunctional electrocatalysts for oxygen and hydrogen evolution reaction [J]. International Journal of Hydrogen Energy, 2021, 46 (76)：37736-37745.

[20] Kim C，Ahn J Y，Kim T Y，et al. Activation of persulfate by nanosized zero-valent iron (NZVI)：Mechanisms and transformation products of NZVI [J]. Environmental Science & Technology, 2018, 52

(6)：3625-3633.

［21］Li J, Xu M, Yao G, et al. Enhancement of the degradation of atrazine through $CoFe_2O_4$ activated peroxymonosulfate (PMS) process: Kinetic, degradation intermediates, and toxicity evaluation ［J］. Chemical Engineering Journal, 2018, 348: 1012-1024.

［22］Zuo J, Wang B, Kang J, et al. Activation of peroxymonosulfate by nanoscaled $NiFe_2O_4$ magnetic particles for the degradation of 2, 4-dichlorophenoxyacetic acid in water: Efficiency, mechanism and degradation pathways ［J］. Separation and Purification Technology, 2022, 297: 121459.

［23］Mi X, Ma R, Pu X, et al. FeNi-layered double hydroxide (LDH) @biochar composite for, activation of peroxymonosulfate (PMS) towards enhanced degradation of doxycycline (DOX): Characterizations of the catalysts, catalytic performances, degradation pathways and mechanisms ［J］. Journal of Cleaner Production, 2022, 378: 134514.

［24］Li M, Luo R, Wang C, et al. Iron-tannic modified cotton derived Fe^0/graphitized carbon with enhanced catalytic activity for bisphenol A degradation ［J］. Chemical Engineering Journal, 2019, 372: 774-784.

［25］Du Y, Ma W, Liu P, et al. Magnetic $CoFe_2O_4$ nanoparticles supported on titanate nanotubes ($CoFe_2O_4$/TNTs) as a novel heterogeneous catalyst for peroxymonosulfate activation and degradation of organic pollutants ［J］. Journal of Hazardous Materials, 2016, 308: 58-66.

［26］Sun X, Qi H, Mao S, et al. Atrazine removal by peroxymonosulfate activated with magnetic CoFe alloy@N-doped graphitic carbon encapsulated in chitosan carbonized microspheres ［J］. Chemical Engineering Journal, 2021, 423: 130169.

［27］Ji Y, Dong C, Kong D, et al. New insights into atrazine degradation by cobalt catalyzed peroxymonosulfate oxidation: Kinetics, reaction products and transformation mechanisms ［J］. Journal of Hazardous Materials, 2015, 285: 491-500.

［28］Xie P, Ma J, Liu W, et al. Removal of 2-MIB and geosmin using UV/persulfate: Contributions of hydroxyl and sulfate radicals ［J］. Water Research, 2015, 69: 223-233.

［29］Zhu J L, Wang J, Shan C, et al. Durable activation of peroxymonosulfate mediated by Co-doped mesoporous $FePO_4$ via charge redistribution for atrazine degradation ［J］. Chemical Engineering Journal, 2019, 375: 122009.

［30］Wan Q, Chen Z, Cao R, et al. Oxidation of organic compounds by PMS/CuO system: The significant discrepancy in borate and phosphate buffer ［J］. Journal of Cleaner Production, 2022, 339: 130773.

［31］Li C, Yang S, Bian R, et al. Clinoptilolite mediated activation of peroxymonosulfate through spherical dispersion and oriented array of $NiFe_2O_4$: Upgrading synergy and performance ［J］. Journal of Hazardous Materials, 2021, 407: 124736.

第 4 章

钴铁基壳聚糖
碳化微球催化剂

本书已在第 3 章中证实，PBAs 含有丰富的氮源和过渡金属离子，在 AOPs 中有着广泛的应用。Liu 等证实在 N_2 气氛中制备的催化剂活性要高于在空气中制备的催化剂活性[1]，而金属离子的浸出是一个待解决的主要问题。壳聚糖（Cs）作为最有价值的生物聚合物之一，因其低毒性和高生物相容性引起了人们的极大兴趣。Cs 含有大量的氨基（—NH_2）和羟基（—OH）基团，对过渡金属具有较高的亲和力，许多过渡金属可以固定在 Cs 链上[2]。磁性金属粉末与 Cs 混合滴入碱液后可形成磁性壳聚糖微球，金属组分被 Cs 包裹可减少金属离子的浸出，并且有利于催化剂分离。

本章通过在 N_2 中热解 CoFe PBAs，制备出"核壳"结构的 CoFe@NC，然后通过碱性凝胶碳化法得到 CoFe@NC/CCM。利用多种表征手段对催化剂的晶体结构、表面形貌、石墨化程度、热稳定性、官能团类型、微观结构、磁性能等进行表征分析。以阿特拉津作为目标污染物，系统地考察制备条件（热解温度、碳化温度、CoFe@NC 与 Cs 质量比）和反应条件（催化剂投加量、PMS 浓度、初始 pH 值、反应温度等）对阿特拉津降解的影响，对 CoFe@NC/CCM 的稳定性进行测试，揭示氧化物种的类型及催化反应机理。

4.1　钴铁基壳聚糖碳化微球催化剂的制备

4.1.1　CoFe@NC 的制备

在一定浓度的氯化钴（$CoCl_2$）溶液中加入 0.2g PVP，持续搅拌至充分溶解；将等体积的 $K_3[Fe(CN)_6]$ 溶液逐滴匀速加到上述混合溶液中（Co^{2+} 和 Fe^{3+} 的物质的量比为 3∶2），持续搅拌 1h，老化 24h 后，将沉淀物离心，依次用去离子水和乙醇洗涤数次，于 80℃ 干燥后得到深紫色产物铁氰化钴 $Co_3[Fe(CN)_6]_2$（CoFe PBAs），CoFe PBAs 的形成过程涉及的主要反应见式（4-1）。将非磁性 CoFe PBAs 在 N_2 气氛下以 5℃/min 的升温速率高温热解 2h（热解温度为 400℃、500℃、600℃ 和 700℃），将热解后的磁性产物标记为 CoFe@NC。为比较金属磁性粉末的催化活性，用 $K_3[Co(CN)_6]$ 代替 $K_3[Fe(CN)_6]$，通过相同的方法合成 Co-Co PBAs；同样，用 $FeCl_2 \cdot 4H_2O$ 代替 $CoCl_2 \cdot 6H_2O$ 合成 Fe-Fe PBAs。Co@NC 和 Fe@NC 是将 Co-Co PBAs 和 Fe-Fe PBAs 在 N_2 气氛下于

600℃热解 2h 获得的。

$$3Co^{2+} + 2\left[Fe(CN)_6\right]^{3-} \longrightarrow Co_3\left[Fe(CN)_6\right]_2 \tag{4-1}$$

4.1.2　CoFe@NC/CM 的制备

将 1g Cs 溶于体积分数为 2% 的乙酸溶液中，持续搅拌并超声 30min 以去除气泡，得到 Cs 胶体，将一定质量的 CoFe@NC 加到 Cs 胶体中，经搅拌并超声以去除气泡，得到均匀的分散体，将上述分散体逐滴滴入碱性溶液（1.25mol/L NaOH/0.1mol/L CH₃COONa）中，硬化 3 h 后，将凝胶微球洗涤至中性，在 35℃下干燥，得到钴铁氮掺杂碳壳聚糖微球（CoFe@NC/CM）。

4.1.3　CoFe@NC/CCM 的制备

将上述获得的 CoFe@NC/CM 在 N₂ 气氛下以 5℃/min 的升温速率碳化 1h（碳化温度为 250℃、300℃、350℃和 400℃），得到 CoFe@NC/CCM。为比较碳化微球催化剂的活性，以 Co@NC 或 Fe@NC 粉末代替 CoFe@NC 粉末，按照与 4.1.2 部分相同的制备流程制备 Co@NC/CCM 或 Fe@NC/CCM。此外，不添加 CoFe@NC，按照上述制备流程合成壳聚糖碳化微球（CCM）。

CoFe@NC/CCM 催化剂采用了"先热解后碳化"两步煅烧的制备方式，热解的目的是将非磁性的前驱体 CoFe PBAs 经高温煅烧转化为具有磁性且催化活性高的 CoFe@NC，碳化目的是使 CoFe@NC/CCM 在碳化过程中暴露出催化活性位点。CoFe@NC/CCM 的制备机理如图 4-1 所示（书后另见彩图），Cs 中

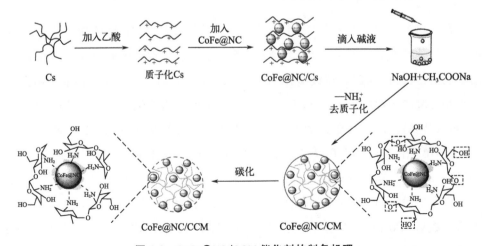

图 4-1　CoFe@NC/CCM 催化剂的制备机理

的—NH$_2$ 在酸性溶液中质子化形成带正电荷的—NH$_3^+$，相互缠绕的 Cs 聚合物链因排斥力而相互分散，这种分散结构为 CoFe@NC 粒子附着在 Cs 聚合物链上提供了机会，将含有 CoFe@NC 颗粒的 Cs 胶体滴加到碱性混合溶液（NaOH/CH$_3$COONa）中，带正电的—NH$_3^+$ 去质子化重新成为不溶性的—NH$_2$，从而形成 CoFe@NC/CM，将 CoFe@NC/CM 在 N$_2$ 气氛下碳化，在碳化过程中 Cs 发生糖环脱水、糖苷键断裂等，暴露出丰富的活性位点，最终获得 CoFe@NC/CCM。

4.2　钴铁基壳聚糖碳化微球催化剂制备条件优化

4.2.1　热解温度的优化

热解温度可能影响前驱体的分解状态、物质结构、催化活性等。CoFe PBAs 在 400℃、500℃、600℃和 700℃的热解温度下制备的 CoFe@NC/CCM 对阿特拉津去除效果的影响如图 4-2（a）所示。随着热解温度增加，阿特拉津的去除率逐渐增加，当热解温度为 400℃、500℃、600℃和 700℃，反应 40min 时，阿特拉津的去除率分别为 42.9%、65.9%、92.7%和 96.1%，反应 50min 时 600℃和 700℃下热解所得的催化剂对阿特拉津的去除率均为 100%，可见 700℃下热解并未显著提高催化剂的活性。不同热解温度下得到的催化组分的活性存在差异，这是因为在超过 500℃的高温下热解 CoFe PBAs，氰化物基团（—CN）在 N$_2$ 的保护作用下将金属中心还原到较低的价态，实现 CoFe PBAs 向 CoFe 合金的转变，而在低温（400℃）下热解无法获得 CoFe 合金，这将在 4.3.1 部分得到证实。此外，由于 CoFe PBAs 含有丰富的氮源，在高温作用下合成的催化材料可能含有氮，氮有利于促进电子转移。可见改变热解温度将得到不同催化活性的催化剂，经分析确定 CoFe@NC/CCM 的最佳热解温度为 600℃。

4.2.2　碳化温度的优化

催化剂在碳化过程中发生糖环脱水、糖苷键断裂等反应，从而暴露出活性位点，催化剂的碳化温度直接影响催化位点的暴露程度。CoFe PBAs 的热解温度为 600℃，讨论碳化温度为 250℃、300℃、350℃、400℃以及未碳化时催化剂的催化活性。如图 4-2（b）所示，以未经碳化时的 CoFe@NC/CM 作为催化剂，

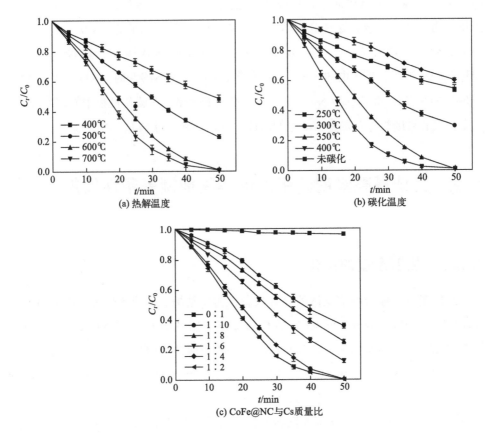

图 4-2　制备条件对降解效果的影响

反应 50min 时的阿特拉津去除率为 41.1%，以碳化温度分别为 250℃、300℃、350℃ 和 400℃ 时的 CoFe@NC/CCM 作为催化剂，反应 50min 时的阿特拉津去除率分别为 46.4%、71.0%、100% 和 100%，从阿特拉津的去除率来看，与未碳化的催化剂 CoFe@NC/CM 相比碳化后的催化剂 CoFe@NC/CCM 暴露出更多的活性位点，可以有效激活 PMS 产生 ROSs 降解阿特拉津；与 300℃ 碳化时的催化活性相比，经 350℃ 碳化后的催化剂的活性得到了显著提高。根据节能和去除效果，选择 350℃ 作为最佳碳化温度。

4.2.3　CoFe@NC 与 Cs 质量比的优化

催化组分 CoFe@NC 和 Cs 的质量比可能影响催化剂活化 PMS 的能力。在热解温度为 600℃、碳化温度为 350℃ 的条件下，考察 CoFe@NC 和 Cs 的质量比对阿特拉津降解的影响。如图 4-2（c）所示，当 CoFe@NC 与 Cs 的质量比为 0∶1

时，即不添加 CoFe@NC、反应 50min 时的阿特拉津去除率为 3.4％，当 CoFe@NC 与 Cs 的质量比为 1∶10、1∶8、1∶6、1∶4 和 1∶2，反应 50min 时，阿特拉津的去除率分别 64.3％、74.8％、87.6％、100％、100％。通过比较不同质量比的催化剂在相同时间内对阿特拉津的去除情况可知，未添加 CoFe@NC 的催化剂不具有活化 PMS 的能力，催化组分 CoFe@NC 为激活 PMS 提供活性位点，并且随着金属含量的增加，催化活性位点数量增加，有助于活化 PMS 产生活性氧物种，从而提高阿特拉津的去除率。当 CoFe@NC 与 Cs 的质量比从 1∶4 提高到 1∶2，反应 40min 时的阿特拉津去除率从 93.7％增加到 95.3％，去除效果未显著提高可能是由于大量的 CoFe@NC 分散在 Cs 胶体溶液中时发生团聚现象，催化组分无法均匀分散从而导致大量活性位点无法充分利用。因此，确定 CoFe@NC 与 Cs 的质量比为 1∶4。

4.3　CoFe@NC/CCM 的表征

4.3.1　晶体结构分析

采用 XRD 技术对 CoFe PBAs 以及不同热解温度（400℃、500℃、600℃ 和 700℃）下制备的 CoFe@NC/CCM 的晶体结构和物相组成进行表征测试。由图 4-3（a）可知，在 CoFe PBAs 的 XRD 谱图中，位于 17.2°、24.4°、34.8°、39.1°、43.0°、50.0°、53.3°、56.5°处的特征衍射峰分别对应 $Co_3[Fe(CN)_6]_2 \cdot 10H_2O$（PDF♯46-0907）的（200）、（220）、（400）、（420）、（422）、（440）、（600）、（620）晶面[3]。CoFe PBAs 经不同温度热解后制备的 CoFe@NC/CCM 的 XRD 衍射峰如图 4-3（b）所示，热解温度为 500℃、600℃ 和 700℃ 时催化剂在 44.8°、65.3°和 82.7°处的特征衍射峰，分别对应 CoFe 的（110）、（200）、（211）晶面（PDF♯49-1567）[4]，然而，低温（400℃）热解无法得到 CoFe 合金，表明当热解温度在高于 500℃ 且无氧源参与的情况下时，—CN 将金属中心还原到较低的价态。CoFe@NC/CCM 的热解温度超过 500℃ 时，在 2θ 为 26.3°处出现了较宽的衍射峰，可归因于石墨碳的（002）晶面（PDF♯41-1487）[5]。从图 4-3（c）中放大的石墨碳衍射峰可知，当热解温度从 500℃ 增加到 600℃ 时，石墨碳衍射峰的强度显著增强，当热解温度继续升高到 700℃ 时石墨碳衍射峰的强度有所减弱，衍射峰强度的变化表明热解温度对石墨碳的形成具有重要作用。

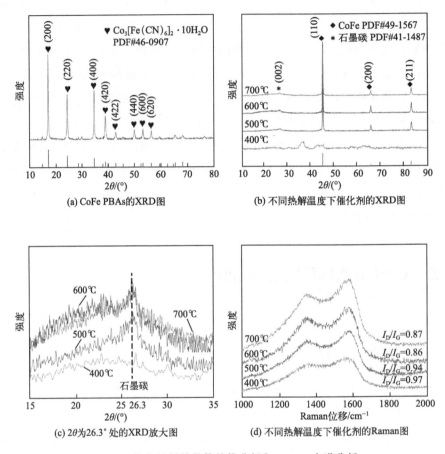

(a) CoFe PBAs的XRD图

(b) 不同热解温度下催化剂的XRD图

(c) 2θ为26.3°处的XRD放大图

(d) 不同热解温度下催化剂的Raman图

图 4-3   催化材料的晶体结构分析和 Raman 光谱分析

4.3.2   Raman 光谱分析

Raman 光谱揭示了不同热解温度下催化剂的石墨化程度。Raman 光谱在 $1350cm^{-1}$ 和 $1580cm^{-1}$ 附近出现两个特征峰，分别为 D 峰和 G 峰，$1350cm^{-1}$ 处的 D 峰代表缺陷/无序碳的特征峰，而 $1580cm^{-1}$ 处的 G 峰代表石墨碳的特征峰。I_D/I_G 强度比值可以反映石墨化程度，即比值越小，石墨化程度越高；比值越大，缺陷程度越高。如图 4-3（d）所示，当热解温度为 400℃、500℃、600℃时 I_D/I_G 强度比分别为 0.97、0.94、0.86，表明 I_D/I_G 的强度比随热解温度的升高而降低，热解温度在 700℃时 I_D/I_G 的强度比为 0.87，与 600℃时的 I_D/I_G 值相比没有进一步下降，表明过高的热解温度会破坏石墨化程度。据报道，石墨化程度越高，越有利于氧化剂和催化剂的电子转移[6]。

4.3.3　表面形貌分析

采用 SEM 对 CoFe PBAs（热解前）、CoFe@NC（600℃热解后）、最佳条件制备的 CoFe@NC/CCM 以及 CCM 的表面形貌进行表征。由图 4-4（a）和图 4-4（b）可知，CoFe PBAs 和 CoFe@NC 均为不规则颗粒状，热解前的 CoFe PBAs 颗粒堆积团聚现象严重，而经 600℃热解后的 CoFe@NC 颗粒分散性较好，颗粒之间具有明显分界。分散性较好的原因可能是 CoFe PBAs 含有的—CN 在高温下发生热分解，释放出的氰化氢和氨气有助于颗粒的分散。CCM 和 CoFe@NC/CCM 呈规则的球形［图 4-4（c）和图 4-4（d）］，与 CCM 相比，CoFe@NC/CCM 表面粗糙且有裂纹，粗糙的表面为暴露的金属组分，裂纹可能是由—CN 热分解引起的。

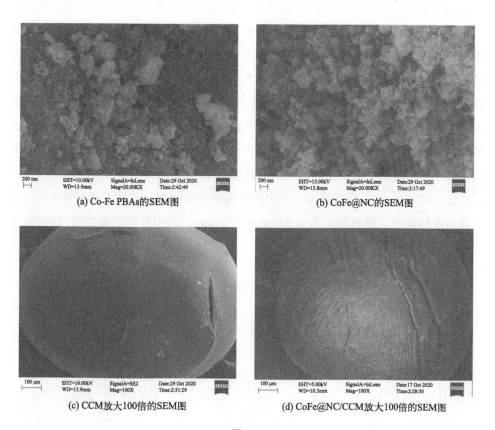

(a) Co-Fe PBAs的SEM图　　　　(b) CoFe@NC的SEM图

(c) CCM放大100倍的SEM图　　　　(d) CoFe@NC/CCM放大100倍的SEM图

图 4-4

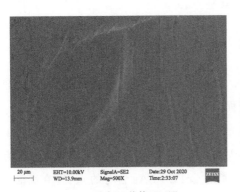 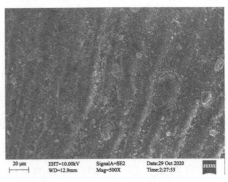

(e) CCM放大500倍的SEM图   (f) CoFe@NC/CCM放大500倍的SEM图

图 4-4   各催化剂的 SEM 图

4.3.4   微观形貌分析

对 CoFe@NC/CCM 进行 TEM 测试，以进一步分析催化剂的微观结构。从图 4-5（a）中可以观察到催化剂中生成了少量竹节状碳纳米管（CNTs），—CN 可作为合成 CNTs 的碳源和氮源，并且 Fe 和 Co 倾向于在低温下催化 CNTs 的生长[7]，然而，当单独使用 CoFe PBAs 作为前驱体时碳源有限，导致 CNTs 的数量很少。从图 4-5（b）的 TEM 图中可观察到催化剂有明显的"核壳"结构，金属催化组分被封装在石墨碳壳的内部，原位形成的石墨碳壳可减轻 CoFe 合金颗粒团聚，同时减缓 CoFe 合金纳米颗粒的腐蚀，提高催化剂的稳定性。从图 4-5（c）的 HRTEM 图中可以看出，催化剂的晶格条纹清晰，表明石墨碳和 CoFe 合金是高度结晶的，晶格间距为 0.34nm 和 0.20nm，分别对应石墨碳的（002）晶面和 CoFe 合金的（110）晶面。

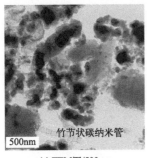 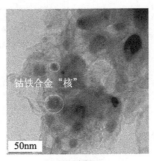 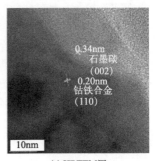

(a) TEM图/500nm   (b) TEM图/50nm   (c) HRTEM图

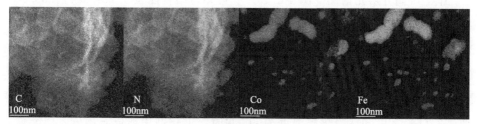

(d) 元素映射图

图 4-5　CoFe@NC/CCM 的 TEM 图和 HRTEM 图

4.3.5　表面元素组成分析

采用 XPS 技术对 CoFe@NC/CCM 表面的元素组成和化学价态进行分析，测试结果如图 4-6 所示（书后另见彩图）。

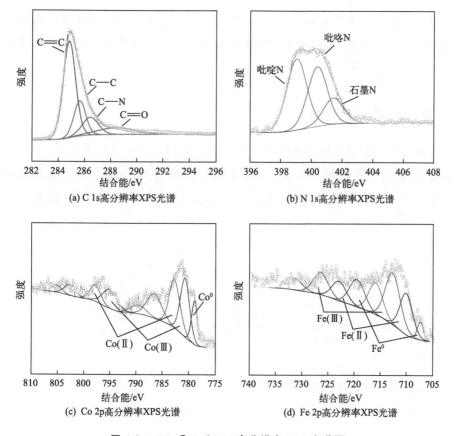

图 4-6　CoFe@NC/CCM 高分辨率 XPS 光谱图

由 C 1s 高分辨光谱图［图 4-6（a）］可知，结合能位于 284.8eV、285.6eV、286.4eV 和 288.3eV 处的拟合峰分别对应 C ═ C、C—C、C—N 和 C ═ O 键[8]，C—N 表明 N 成功掺杂在碳分子骨架中。N 1s 高分辨光谱［图 4-6（b）］有三个拟合峰，结合能分别为 399.0eV、400.35eV 和 401.4eV，分别归属于吡啶 N、吡咯 N 和石墨 N[8]，XRD 和元素映射图也证实了石墨 N 的形成，由 XRD 结果［图 4-3（b）］可知，当热解温度为 600℃时，催化剂中形成石墨碳，由元素映射图［图 4-5（d）］可知石墨碳中掺杂了 N 元素。由 Co 2p 的高分辨 XPS 谱图［图 4-6（c）］可知，Co 元素以三种价态的形式存在，结合能位于 778.9eV 的拟合峰代表 Co⁰，峰值为 780.7eV 和 795.1eV 的拟合峰分配给 Co（Ⅲ），结合能位于 782.6eV 和 797.9eV 的拟合峰对应 Co（Ⅱ）[9, 10]。由 Fe 2p 的高分辨 XPS 谱图［图 4-6（d）］可知，结合能为 707.6eV 和 719.9eV 的拟合峰对应 Fe⁰，Fe（Ⅲ）的拟合峰所在的结合能分别为 713.1eV 和 726.8eV，Fe（Ⅱ）的拟合峰对应的结合能分别为 710.5eV 和 723.3eV[11]。Co 和 Fe 金属元素的价态由零价态和氧化态组成，零价金属是由于—CN 在惰性气氛下高温热解还原了高价态的 Co 和 Fe，氧化态则是因为纳米合金颗粒暴露在空气中发生了氧化，这种现象也出现在其他报道中[12]。

4.3.6　官能团结构分析

为进一步了解催化剂含有的官能团结构，采用 FTIR 对 CoFe@NC/CCM 进行表征测试。FTIR 光谱如图 4-7（a）所示，在波数 3350cm⁻¹ 附近显示出明显的宽信号峰，可归因于分子间氢键、—OH 和—NH₂ 的伸缩振动。波数在 1490～

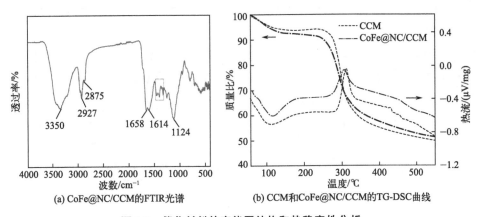

(a) CoFe@NC/CCM的FTIR光谱　　(b) CCM和CoFe@NC/CCM的TG-DSC曲线

图 4-7　催化材料的官能团结构和热稳定性分析

1350cm^{-1} 范围内的特征峰可认为是由—CH 和—CH$_2$ 基团的弯曲振动引起的[13]。位于 2927cm^{-1} 和 2875cm^{-1} 处的特征峰与—CH 的伸缩振动有关[14]，而出现在波数为 1658 cm^{-1} 处的特征峰则是由 Cs 分子中酰胺基团的伸缩振动引起的。在 1614cm^{-1} 波数处的特征峰归因于—NH 的弯曲振动。此外，1124cm^{-1} 处的特征峰源自 C—O—C 的振动，这是典型的糖类结构[15]。

4.3.7　热稳定性分析

通过 TG-DSC 对 CoFe@NC/CCM 和 CCM 的热稳定性进行分析，结果如图 4-7（b）所示。CoFe@NC/CCM 和 CCM 的 TG-DSC 曲线相似，失重的第一阶段发生在温度小于 150℃的范围内，主要归因于微球中自由水和结合水的损失，为吸热反应。第二阶段发生在 200～320℃的温度范围内，为放热反应，与 Cs 分解发生脱乙酰、糖环脱水、糖苷键断裂等有关[16]，CoFe@NC/CCM 的分解温度低于 CCM，可能是因为 CoFe@NC 的引入降低了 CCM 的热稳定性。在第三阶段，温度高于 350℃时，CoFe@NC/CCM 和 CCM 的 TG-DSC 曲线不再有明显的吸热放热反应，表明两种材料均实现了碳化。

4.3.8　磁性能分析

对 CCM、CoFe@NC 和 CoFe@NC/CCM 的磁性能进行测试，磁滞回线如图 4-8 所示（书后另见彩图）。CCM 是非磁性的材料，CoFe@NC 和 CoFe@NC/CCM 均具有较高的磁性能，饱和磁化强度分别为 154.9emu/g 和 49.2emu/g。与 CCM 相比，CoFe@NC/CCM 因引入非磁性的 CCM 导致磁性有所下降，但是仍可通过外部磁铁进行分离。

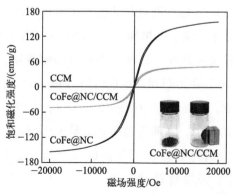

图 4-8　CCM、CoFe@NC 和 CoFe@NC/CCM 的磁滞回线

4.4　不同影响因素对处理效果的影响

以阿特拉津作为目标污染物，研究 CoFe@NC/CCM 的催化性能。反应溶液体积为 250mL，阿特拉津初始浓度为 10mg/L，溶液初始 pH 值为 5.9（未调节），向上述溶液中加入一定量的 CoFe@NC/CCM 和 PMS，在转速为 240r/min、温度为 25℃ 的恒温振荡器上振荡。开启恒温振荡器的同时开始计时，每间隔一定的时间，取 1mL 降解反应液，通过 $0.22\mu m$ 滤膜以除去悬浮颗粒，并立即加入 $Na_2S_2O_3$ 溶液（0.4mol/L）以淬灭自由基和多余的氧化剂，定量分析反应溶液中残留的阿特拉津浓度。讨论初始 pH 值对阿特拉津降解的影响时，使用稀释后的 H_2SO_4 或 NaOH 溶液将反应溶液的初始 pH 值调节到所需的值。用磁铁收集用过的催化剂，并用去离子水和乙醇交替洗涤以去除残留的有机物，以便进行重复稳定性测试。

4.4.1　CoFe@NC/CCM 投加量

在 PMS 非均相高级氧化体系中，催化剂起到激活 PMS 产生活性氧物种降解污染物的作用，因此，在氧化剂浓度一定的情况下，催化剂的投加量显著影响污染物的降解。本实验考察了不同催化剂投加量（0.05g/L、0.1g/L、0.15g/L、0.2g/L）时的阿特拉津降解情况，实验条件为 PMS 浓度为 0.4mmol/L、反应温度为 25℃、阿特拉津初始浓度为 10mg/L、溶液初始 pH 值为 5.9，结果如图 4-9（a）所示。阿特拉津去除率随催化剂投加量的增加而增加，当 CoFe@NC/CCM 的投加量为 0.05g/L，反应 60min 时，阿特拉津的去除率为 96.3%，随着催化剂用量增加至 0.1g/L，50min 时的阿特拉津去除率达到 100%，继续增加催化剂投加量，阿特拉津的去除率并未显著增加，这可能是由于过量的催化活性位点与体系中产生的活性氧物种反应从而导致氧化物种的无效消耗。CoFe@NC/CCM 的主要催化组分是 Co、Fe，在运行相同反应时间（60min）内，考察了不同催化剂投加量下的离子浸出量，当催化剂的投加量为 0.05g/L 和 0.1g/L 时，未检测到体系中 Fe 和 Co 离子的浸出，当催化剂的投加量为 0.15g/L 和 0.2g/L 时浸出的总 Fe 和总 Co 的浓度分别为 $6\mu g/L$、$19\mu g/L$ 和 $15\mu g/L$、$42\mu g/L$，浸出的总 Fe 浓度低于《钢铁工业水污染物排放标准》（GB 13456—2012）的允许限值（<2mg/L），浸出总 Co 浓度低于《铜、镍、钴工业污染物排放标准》（GB 25467—

2010）的允许限值（<1mg/L），表明所制备的催化剂是一种环境友好的催化剂。考虑到离子浸出及阿特拉津的去除效率，确定 CoFe@NC/CCM 的投加量为 0.1g/L，此时是非均相催化引起的阿特拉津降解。

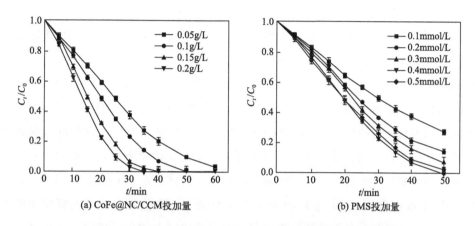

图 4-9　催化剂投加量和 PMS 投加量对阿特拉津降解的影响

4.4.2 PMS 投加量

PMS 的浓度影响体系中活性氧物种的产生，进而影响阿特拉津的去除效果，因此，本实验考察了不同 PMS 投加量对阿特拉津的降解效果的影响。由图 4-9（b）可知，随着 PMS 投加量从 0.1mmol/L 增加到 0.4mmol/L，反应 50min 时的阿特拉津去除率由 72.5% 提高到 100%，继续增加 PMS 的浓度，阿特拉津的去除率反而下降，反应 50min 时阿特拉津的去除率为 97.1%。在催化剂一定的情况下，当 PMS 浓度较低时产生的活性氧物种相对较少，此时阿特拉津的降解效果不理想；随着 PMS 浓度增加，催化剂上的活性位点被充分利用，在短时间内产生充足的活性氧物种，阿特拉津的去除率随 PMS 浓度的增加而提高；当 PMS 浓度增加到 0.5mmol/L 时，由催化剂提供的催化活性位点成为限制因素，PMS 产生大量 $SO_4^-\cdot$ 和 $\cdot OH$，同时过量的 PMS 与 $SO_4^-\cdot$ 或 $\cdot OH$ 发生反应，淬灭了氧化能力强的自由基，生成了氧化能力差的 $SO_5^-\cdot$［式（4-2a）、式（4-2b）］，并且自由基间也会发生淬灭［式（4-3）］，从而造成氧化剂的浪费。

$$HSO_5^- + SO_4^-\cdot \longrightarrow SO_5^-\cdot + HSO_4^- \tag{4-2a}$$

$$HSO_5^- + \cdot OH \longrightarrow SO_5^-\cdot + H_2O \tag{4-2b}$$

$$SO_4^-\cdot + SO_4^-\cdot \longrightarrow 2SO_4^{2-} \tag{4-3}$$

4.4.3　溶液 pH 值

在高级氧化体系中，溶液 pH 值会影响自由基的类型、催化剂的表面电荷、氧化剂和污染物的电荷状态。本实验考察了溶液初始 pH 值为 3.0、5.9、7.0、9.0 时对阿特拉津的降解效果的影响，设置实验条件为 CoFe@NC/CCM 投加量为 0.1g/L、PMS 浓度为 0.4mmol/L、反应温度为 25℃、阿特拉津初始浓度为 10mg/L。由图 4-10（a）可知，在溶液初始 pH 值为 5.9 和 7.0 时，反应 50min 时的阿特拉津去除率分别为 100% 和 99%。当溶液初始 pH 值为 3.0 和 9.0 时，相同时间内的阿特拉津去除率分别下降到 75.5% 和 94.9%。在近中性和弱碱性条件下获得了良好的去除效果，而在酸性条件下阿特拉津降解受到抑制。本实验考察了不同初始 pH 值时体系中的离子浸出量，溶液初始 pH 值为 3.0 时，Co 和 Fe 的浸出浓度分别为 59μg/L 和 36μg/L，然而在 pH 值为 3.0 时阿特拉津的去除率最低，在其他初始 pH 值下未检测到离子浸出。上述实验现象可从以下几方面来解释。阿特拉津的 pK_a 值为 1.67[17]，在所研究的 pH 值范围（3.0～9.0）内阿特拉津带负电荷。已知 PMS 有两个 pK_a 值，分别为 $pK_{a1} < 0$ 和 $pK_{a2} = 9.4$，在 3.0～9.0 的 pH 值范围内，HSO_5^- 是 PMS 的主要存在形式。由图 4-10（b）可知，CoFe@NC/CCM 的 pH_{pzc} 值为 7.66，当溶液初始 pH 值（5.9 和 7.0）低于催化剂的 pH_{pzc} 值时，催化剂的表面带正电荷，因此可通过静电引力吸附带负电荷的 HSO_5^- 和阿特拉津，有利于催化 PMS 产生自由基从而实现阿特拉津的快速降解。酸性条件（初始 pH 值为 3.0）表现出明显的抑制作用，主要是因为 PMS 在酸性条件下非常稳定，难以被激活[18]。$SO_4^- \cdot$ 在 pH > 8.35 时会生成大量 $\cdot OH$［式（4-4）］，与 $SO_4^- \cdot$ 的半衰期相比，$\cdot OH$ 的半衰期非常短，并且 $\cdot OH$ 在碱性条件下的氧化能力较低，因此溶液初始 pH 值为 9.0 时的阿特拉津去除率略有下降。此外，溶液初始 pH 值高于催化剂的 pH_{pzc} 值时，催化剂的表面带负电荷，对同样带负电荷的阿特拉津有静电排斥作用，从而导致碱性条件下阿特拉津的去除率降低。在不存在催化剂的条件下，本实验考察了不同初始 pH 值活化 PMS 的能力，由图 4-10（c）可知，当溶液初始 pH 值低于 9.0 时，单独的 PMS 对阿特拉津的降解非常有限，而当初始 pH 值为 9.0 时，碱活化 PMS 可以去除 12.3% 的阿特拉津。据报道，只有当溶液初始 pH 值在 11～12 时 PMS 才可以被碱有效激活[19]。考虑到大多数天然水体的 pH 值在 5～9 之间，本实验得到的结果对处理废水具有实际意义。

$$SO_4^- \cdot + OH^- \longrightarrow SO_4^{2-} + \cdot OH \tag{4-4}$$

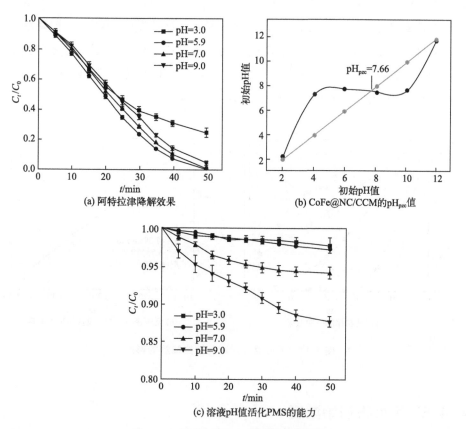

(a) 阿特拉津降解效果

(b) CoFe@NC/CCM的pH_{pzc}值

(c) 溶液pH值活化PMS的能力

图 4-10　溶液初始 pH 值对降解的影响

4.4.4　反应温度

PMS 分解是吸热反应，体系温度升高有利于分子扩散和 PMS 活化。在 CoFe@NC/CCM 投加量为 0.1g/L、PMS 浓度为 0.4mmol/L、阿特拉津初始浓度为 10mg/L、溶液初始 pH 值为 5.9 的条件下，本实验考察了反应温度为 15℃、25℃、35℃和 45℃时对阿特拉津降解的影响，实验结果如图 4-11（a）所示。当反应温度为 15℃，反应 50min 时的阿特拉津去除率为 75.6%；当反应温度为 25℃、35℃和 45℃时，10mg/L 阿特拉津完全去除所需时间分别为 50min、20min、15min，反应速率常数分别为 0.063min^{-1}、0.175min^{-1}、0.231min^{-1}。可见随着反应温度的升高，阿特拉津的去除速率显著提高。

利用 Arrhenius 方程计算反应速率常数和温度之间的相关性，通过绘制

$\ln k$-$1/T$ 曲线 [图 4-11 (b)] 得到 CoFe@NC/CCM 的活化能为 47.39kJ/mol。据报道，溶液中的扩散控制反应具有相对较低的 E_a (8～21kJ/mol)，而表面控制反应需要较大的 E_a (>29kJ/mol)[20]。因此，该体系中的阿特拉津降解主要受催化剂表面发生的非均相化学反应控制而不是扩散传质控制。与之前报道的 Co 基或 Fe 基催化剂的 E_a 相比[21, 22]，CoFe@NC/CCM 具有较低的 E_a，E_a 越小意味着 CoFe@NC/CCM/PMS 体系中的反应越容易发生。

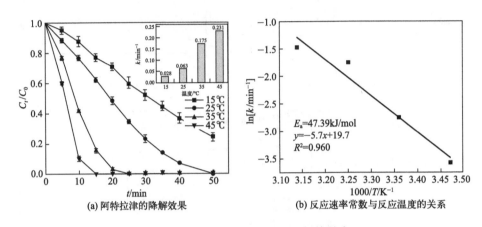

(a) 阿特拉津的降解效果　　　　(b) 反应速率常数与反应温度的关系

图 4-11　反应温度对阿特拉津降解的影响

4.4.5　污染物初始浓度

改变污染物的初始浓度来探究体系的降解能力，本实验考察了不同初始浓度的阿特拉津的去除情况。实验条件如下：CoFe@NC/CCM 投加量为 0.1g/L、PMS 浓度为 0.4mmol/L、反应温度为 25℃、溶液初始 pH 值为 5.9。由图 4-12 可知，当阿特拉津的初始浓度为 5mg/L 时，反应 30min 时的阿特拉津去除率为 100%。当阿特拉津的浓度为 10mg/L、15mg/L 和 20mg/L，反应 50min 时阿特拉津的去除率分别为 100%、90.0% 和 70.5%。随着阿特拉津初始浓度增加，阿特拉津的去除率逐渐降低。上述现象可能是因为 CoFe@NC/CCM 激活 PMS 降解阿特拉津的过程为非均相催化过程，在催化剂投加量一定的情况下，暴露的催化活性位点是有限的，当阿特拉津浓度过高时，有限的活性位点被阿特拉津充分占据后仍有过量的阿特拉津会覆盖活性位点，自由基优先与催化剂表面的阿特拉津反应。此外，当催化剂和氧化剂投加量一定时产生的活性氧物种是有限的，较高浓度的阿特拉津在降解过程中会产生更多的中间产物，中间产物与阿特拉津竞争消耗活性氧物种，从而导致阿特拉津去除率随初始浓度增加而降低。

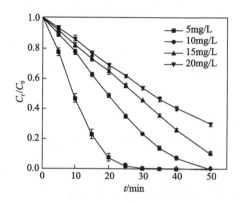

图 4-12　阿特拉津初始浓度对降解的影响

4.5　CoFe@NC/CCM 催化 PDS 和 H₂O₂ 处理废水的性能对比

本实验考察了 CoFe@NC/CCM 对 PDS 和 H_2O_2 的催化能力，在 CoFe@NC/CCM 投加量为 0.1g/L、反应温度为 25℃的条件下，分别构建 PDS 和 H_2O_2 氧化体系，考察 PDS 和 H_2O_2 的投加量以及不同体系的溶液 pH 值对阿特拉津降解的影响，结果如图 4-13 所示。由图 4-13 （a） 可知，在溶液初始 pH 值为 5.9，PDS 浓度为 0.4mmol/L、4mmol/L、10mmol/L 的条件下，反应 50min 时的阿特拉津去除率分别为 2.6%、6.8%、16.8%；当溶液初始 pH 值为 3.0，PDS 浓度为 0.4mmol/L、4mmol/L、10mmol/L，反应 50min 时阿特拉津的去除率分别为 5.3%、13.5%、26.7%。在 H_2O_2 体系中 ［图 4-13 （b）］，溶液初始 pH 值为 3.0 和 5.9 时，10mmol/L 的 H_2O_2 在反应 50min 时，阿特拉津的去除率分别为 16.5%和 11.5%。在相同初始 pH 值、相同浓度氧化剂的条件下，PDS 体系对阿特拉津的降解能力优于 H_2O_2 体系，但是 PDS 和 H_2O_2 体系对阿特拉津的降解效果均比 PMS 体系的降解效果差。结果表明，不同氧化剂在同一催化剂作用下具有不同的反应活性，原因可能有以下方面。

① 与氧化剂键长有关。PDS、PMS 和 H_2O_2 中过氧键的键长分别为 1.497Å、1.460Å 和 1.453Å（$1Å = 10^{-10}$ m），H_2O_2 中过氧键的键长比 PDS 和

PMS 中过氧键的键长要短，因此 H_2O_2 不容易断键，虽然 PMS 的氧化还原电位（1.8 V）低于 PDS（2.1V），但是 PMS 的不对称结构使其在催化氧化中很容易被活化。

② 与暴露的活性位点数量有限有关。CoFe@NC/CCM 是球形催化剂，将催化组分包裹在内部，暴露的活性位点很少，不足以活化具有对称结构的 PDS 和 H_2O_2。

③ 与催化组分难以循环有关。低价态的金属组分在活化过程中转化为高价态金属组分，在 PDS 和 H_2O_2 体系中催化组分难以循环。

在 H_2O_2 体系中，H_2O_2 与 Fe^{2+} 的反应速率常数为 $40 \sim 80 mol/(L \cdot s)$，$H_2O_2$ 还原 Fe^{3+} 的反应速率相对较慢 [速率常数为 $0.001 \sim 0.01 mol/(L \cdot s)$][23]，从而限制了 Fe^{2+} 的再生。在 PMS 体系中，Fe^{3+} 和 Co^{3+} 能与 HSO_5^- 发生反应生成氧化能力较弱的 $SO_5^-\cdot$，同时 Fe^{3+} 和 Co^{3+} 转化为 Fe^{2+} 和 Co^{2+} [式（4-5）和式（4-6）][24]，而关于 PDS 还原 Fe^{3+} 的报道很少，往往需要通过引入光、电、还原性配体等方式才能实现金属循环。

$$Fe^{3+} + HSO_5^- \longrightarrow Fe^{2+} + SO_5^- \cdot + H^+ \tag{4-5}$$

$$Co^{3+} + HSO_5^- \longrightarrow Co^{2+} + SO_5^- \cdot + H^+ \tag{4-6}$$

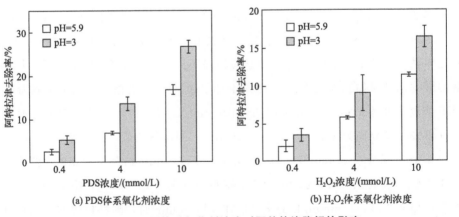

图 4-13   不同体系氧化剂浓度对阿特拉津降解的影响

4.6   CoFe@NC/CCM 稳定性测试

催化剂的稳定性是评价其催化性能的关键指标。在 CoFe@NC/CCM 投加量为 0.1g/L、PMS 浓度为 0.4mmol/L、初始 pH 值为 5.9、反应温度为 25℃、阿特拉津初始浓度为 10mg/L 的条件下评估了催化剂的稳定性，结果如图 4-14 所示。CoFe@NC/CCM 重复使用五次后仍保持较高的催化活性，第 5 次重复实验时的阿特拉津去除率为 86.7%，表明 CoFe@NC/CCM 具有良好的稳定性。

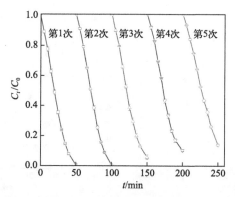

图 4-14　催化剂的稳定性测试

4.7　CoFe@NC/CCM 非均相高级氧化体系催化机理探究

通过电子顺磁共振（EPR）和自由基淬灭实验确定体系中活性氧物种的类型。通常，$SO_4^-\cdot$ 和 $\cdot OH$ 是激活 PMS 产生的主要自由基。从 EPR 光谱结果 ［图 4-15（a）］ 可知，出现了两种特征信号峰，强度比为 1:1:1:1:1:1 的信号峰为 DMPO-$SO_4^-\cdot$ 的加成产物，强度比为 1:2:2:1 的特征信号峰为 DMPO-$\cdot OH$ 的加成产物，表明体系中 $\cdot OH$ 和 $SO_4^-\cdot$ 共存。为进一步证明这两种自由基及其贡献，选用甲醇（MeOH）和叔丁醇（TBA）作为自由基淬灭剂，MeOH（含 α-H）可作为 $\cdot OH$ 和 $SO_4^-\cdot$ 的淬灭剂，不含 α-H 的 TBA 与 $\cdot OH$ 能够快速反应，反应速率常数为 $3.8\times10^8\sim7.6\times10^8$ mol/（L·s），是 TBA 与 $SO_4^-\cdot$ 的反应速率常数 ［$4\sim9.1\times10^5$ mol/（L·s）］ 的 1000 倍。在淬灭剂与氧化剂的浓度比为 100:1 的条件下进行了淬灭实验，结果如图 4-15（b）所示，加入过量的 TBA 明显抑制了阿特拉津的去除，而 MeOH 的抑制作用比 TBA 的抑制作用更显著，说明体系中存在 $\cdot OH$ 和 $SO_4^-\cdot$。通过反应速率常数来表示 $\cdot OH$ 和 $SO_4^-\cdot$ 对降解阿特拉津的贡献程度，加入 MeOH 或 TBA 后的反应速率常数分

别为 0.005min^{-1} 和 0.032min^{-1}，不含淬灭剂时的反应速率常数（k_{total}）为 0.063min^{-1}，自由基贡献率的计算见式（4-7）～式（4-9）[25]。$k_{\cdot\text{OH}}/k_{\text{total}}$、$k_{\text{SO}_4^-\cdot}/k_{\text{total}}$ 分别代表 $\cdot$OH 和 $\text{SO}_4^-\cdot$ 的贡献率，$\cdot$OH 和 $\text{SO}_4^-\cdot$ 的贡献率分别为 49.2% 和 42.9%。

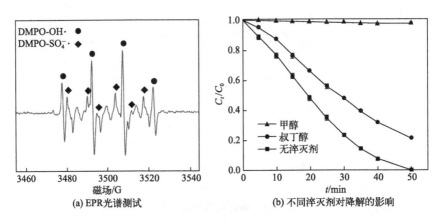

图 4-15　活性氧物种的鉴定

$$k_{\cdot\text{OH}} + k_{\text{SO}_4^-\cdot} + k_{\text{other}} = k_{\text{total}} \tag{4-7}$$

$$k_{\text{MeOH}} = k_{\text{other}} \tag{4-8}$$

$$k_{\text{TBA}} = k_{\text{SO}_4^-\cdot} + k_{\text{other}} \tag{4-9}$$

　　通过自由基淬灭实验和 EPR 光谱分析，确定了体系中主要的活性氧物种是 $\cdot$OH 和 $\text{SO}_4^-\cdot$，此外，通过 XPS 技术分析催化剂反应前后元素价态和含量的变化来推测体系的催化反应机理。如图 4-16（书后另见彩图）所示，重复反应 5 次后，Co^0 的含量从 12.68% 下降到 7.55%，而 Fe^0 的含量从 16.96% 下降到 14.58%。含量的降低归因于体系中 Co^0 和 Fe^0 与 PMS 发生了氧化还原反应。基于自由基淬灭实验、EPR 光谱和催化剂反应前后的 XPS 测试结果，提出了该体系对阿特拉津的催化降解机制，如图 4-17 所示（书后另见彩图）。Co^0 和 Fe^0 可以激活 PMS 产生 $\cdot$OH，同时自身被氧化成 Co（Ⅱ）和 Fe（Ⅱ）[式（4-10）]。Co（Ⅱ）/Co（Ⅲ）氧化还原电位（1.81V）介于 $\text{HSO}_5^-/\text{SO}_4^-\cdot$（2.5～3.1V）和 $\text{HSO}_5^-/\text{SO}_5^-\cdot$（1.1V）之间[26]，具有热力学可行性，PMS 既可作为氧化剂又可作为还原剂，从而实现 Co（Ⅱ）/Co（Ⅲ）的循环[式（4-11）和式（4-12）]。Fe（Ⅱ）激活 PMS 产生 $\text{SO}_4^-\cdot$ 的同时生成 Fe（Ⅲ）[式（4-13）]，Fe（Ⅲ）与 HSO_5^- 反应实现 Fe（Ⅱ）的再生[式（4-14）]，氧化还原反应也可以

发生在 Fe^0 和 $Fe(Ⅲ)$ 之间 [式 (4-15)]。因此，体系中的 $Fe^0 \longrightarrow Fe(Ⅱ)$ $\Longrightarrow Fe(Ⅲ)$ 和 $Co^0 \longrightarrow Co(Ⅱ) \Longrightarrow Co(Ⅲ)$ 循环将激活 PMS 连续产生 $\cdot OH$ 和 $SO_4^-\cdot$。

$$Co/Fe + 2HSO_5^- \longrightarrow Co^{2+}/Fe^{2+} + 2SO_4^{2-} + 2\cdot OH \tag{4-10}$$

$$Co^{2+} + HSO_5^- \longrightarrow Co^{3+} + SO_4^-\cdot + OH^- \tag{4-11}$$

$$Co^{3+} + HSO_5^- \longrightarrow Co^{2+} + SO_5^-\cdot + H^+ \tag{4-12}$$

$$Fe^{2+} + HSO_5^- \longrightarrow Fe^{3+} + SO_4^-\cdot + OH^- \tag{4-13}$$

$$Fe^{3+} + HSO_5^- \longrightarrow Fe^{2+} + SO_5^-\cdot + H^+ \tag{4-14}$$

$$2Fe^{3+} + Fe \longrightarrow 3Fe^{2+} \tag{4-15}$$

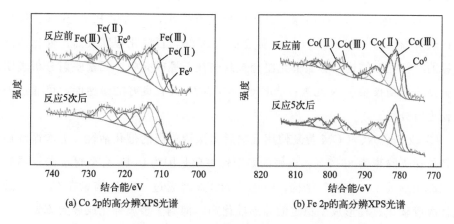

(a) Co 2p的高分辨XPS光谱　　　　　(b) Fe 2p的高分辨XPS光谱

图 4-16　CoFe@NC/CCM 反应前后催化剂的高分辨 XPS 光谱

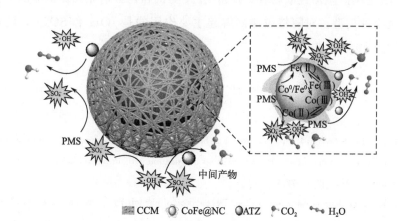

图 4-17　PMS 主导的非均相高级氧化体系降解阿特拉津的催化机理

综上所述，本章以 CoFe@NC/CCM 为催化剂，PMS 为氧化剂，构建非均相高级氧化体系降解阿特拉津，考察了催化剂制备条件和实验条件对阿特拉津降解的影响，测试了 CoFe@NC/CCM 的稳定性，并对催化反应机理进行了分析。主要结论如下。

① CoFe@NC/CCM 的最佳制备条件为：CoFe PBAs 的热解温度为 600℃，CoFe@NC/CM 的碳化温度为 350℃，CoFe@NC 与 Cs 质量比为 1:4。

② 在 CoFe@NC/CCM 投加量为 0.1g/L、PMS 浓度为 0.4mmol/L、反应温度为 25℃、阿特拉津初始浓度为 10mg/L、溶液初始 pH 值为 5.9 的条件下，反应 50min 时的阿特拉津去除率为 100%，此时未检测到金属离子浸出。在近中性和弱碱性条件下阿特拉津获得良好的去除率，去除率在 94% 以上。

③ CoFe@NC/CCM 的球形表面粗糙且有裂纹，为活化 PMS 提供了催化位点；热解温度为 600℃时，I_D/I_G 强度比为 0.86，石墨化程度最高；催化剂形成明显的"核壳"结构，金属催化组分被封装在石墨碳壳中，元素映射分析表明石墨碳基质成功掺杂了 N 元素；CoFe@NC/CCM 具有良好的磁性能，可通过外部磁铁进行分离。

④ CoFe@NC/CCM 重复使用五次后仍保持较高的催化活性，五次循环后的阿特拉津去除率为 86.7%，良好的稳定性主要是因为 CoFe 合金封装在 N 掺杂的石墨碳中形成了"核壳"结构；CoFe@NC 颗粒通过—NH$_2$ 锚定在 Cs 上，通过碱性凝胶碳化过程形成了稳定的球形催化剂，抑制了金属催化成分的流失。

⑤ 体系中 $Fe^0 \longrightarrow Fe(\text{II}) \Longrightarrow Fe(\text{III})$ 和 $Co^0 \longrightarrow Co(\text{II}) \Longrightarrow Co(\text{III})$ 激活 PMS 连续产生活性氧物种，通过 EPR 测试和自由基淬灭实验确定了体系中的活性氧物种类型，对阿特拉津降解起主要作用的是 ·OH 和 $SO_4^-·$，两者的贡献率分别为 49.2% 和 42.9%。

参考文献

[1] Liu C, Liu S Q, Liu L Y, et al. Novel carbon based Fe-Co oxides derived from Prussian blue analogues activating peroxymonosulfate: Refractory drugs degradation without metal leaching [J]. Chemical Engineering Journal, 2020, 379: 122274.

[2] Pujol A A, Leon I, Cardenas J, et al. Degradation of phenols by heterogeneous electro-Fenton with a Fe$_3$O$_4$-chitosan composite and a boron-doped diamond anode [J]. Electrochimica Acta, 2020, 337: 135784.

[3] Pi Y Q, Ma L H, Zhao P, et al. Facile green synthetic graphene-based Co-Fe Prussian blue ana-

logues as an activator of peroxymonosulfate for the degradation of levofloxacin hydrochloride [J]. Journal of Colloid and Interface Science, 2018, 526: 18-27.

[4] Zhang S, Zhao S R, Huang S J, et al. Photocatalytic degradation of oxytetracycline under visible light by nanohybrids of CoFe alloy nanoparticles and nitrogen-/sulfur-codoped mesoporous carbon [J]. Chemical Engineering Journal, 2021, 420: 130516.

[5] Li M Q, Luo R, Wang C H, et al. Iron-tannic modified cotton derived Fe^0/graphitized carbon with enhanced catalytic activity for bisphenol A degradation [J]. Chemical Engineering Journal, 2019, 372: 774-784.

[6] Wang N, Ma W J, Ren Z Q, et al. Prussian blue analogues derived porous nitrogen-doped carbon microspheres as high-performance metal-free peroxymonosulfate activators for non-radical-dominated degradation of organic pollutants [J]. Journal of Materials Chemistry A, 2018, 6 (3): 884-895.

[7] Shang Z X, Chen Z L, Zhang Z B, et al. CoFe nanoalloy particles encapsulated in nitrogen-doped carbon layers as bifunctional oxygen catalyst derived from a Prussian blue analogue [J]. Journal of Alloys and Compounds, 2018, 740: 743-753.

[8] Xu D Y, Liu B B, Liu G Y, et al. N-doped bamboo-like CNTs combined with $CoFe-CoFe_2O_4$ as a highly efficient electrocatalyst towards oxygen evolution [J]. International Journal of Hydrogen Energy, 2020, 45 (11): 6629-6635.

[9] Yao Y J, Chen H, Lian C, et al. Fe, Co, Ni nanocrystals encapsulated in nitrogen-doped carbon nanotubes as Fenton-like catalysts for organic pollutant removal [J]. Journal of Hazardous Materials, 2016, 314: 129-139.

[10] Wang L, Wen B, Yang H B, et al. Hierarchical nest-like structure of Co/Fe MOF derived CoFe@ C composite as wide-bandwidth microwave absorber [J]. Composites Part A: Applied Science and Manufacturing, 2020, 135: 105958.

[11] Qi W T, Wu W J, Cao B Q, et al. Fabrication of CoFe/N-doped mesoporous carbon hybrids from Prussian blue analogous as high performance cathodes for lithium-sulfur batteries [J]. International Journal of Hydrogen Energy, 2019, 44 (36): 20257-20266.

[12] Xie W H, Shi Y L, Wang Y X, et al. Electrospun iron/cobalt alloy nanoparticles on carbon nano fibers towards exhaustive electrocatalytic degradation of tetracycline in wastewater [J]. Chemical Engineering Journal, 2021, 405: 126585.

[13] Ren L L, Xu J, Zhang Y C, et al. Preparation and characterization of porous chitosan microspheres and adsorption performance for hexavalent chromium [J]. International Journal of Biological Macromolecules, 2019, 135: 898-906.

[14] Ke P, Zeng D L, Xu K, et al. Synthesis and characterization of a novel magnetic chitosan microsphere for lactase immobilization [J]. Colloids and Surfaces A: Physicochemical and Engineering Aspects, 2020, 606: 125522.

[15] Ayub A, Raza Z A, Majeed M I, et al. Development of sustainable magnetic chitosan biosorbent beads for kinetic remediation of arsenic contaminated water [J]. International Journal of Biological Macro-

molecules, 2020, 163: 603-617.

[16] Li X Y, Cui K P, Guo Z, et al. Heterogeneous Fenton-like degradation of tetracyclines using porous magnetic chitosan microspheres as an efficient catalyst compared with two preparation methods [J]. Chemical Engineering Journal, 2020, 379: 122324.

[17] Zheng H, Bao J G, Huang Y, et al. Efficient degradation of atrazine with porous sulfurized Fe_2O_3 as catalyst for peroxymonosulfate activation [J]. Applied Catalysis B: Environmental, 2019, 259: 118056.

[18] Xu L J, Chu W, Gan L. Environmental application of graphene-based $CoFe_2O_4$ as an activator of peroxymonosulfate for the degradation of a plasticizer [J]. Chemical Engineering Journal, 2015, 263: 435-443.

[19] Qi C D, Liu X T, Ma J, et al. Activation of peroxymonosulfate by base: Implications for the degradation of organic pollutants [J]. Chemosphere, 2016, 151: 280-288.

[20] Lien H L, Zhang W X. Nanoscale Pd/Fe bimetallic particles: Catalytic effects of palladium on hydrodechlorination [J]. Applied Catalysis B: Environmental, 2007, 77 (1-2): 110-116.

[21] Ji F, Li C L, Wei X Y, et al. Efficient performance of porous Fe_2O_3 in heterogeneous activation of peroxymonosulfate for decolorization of Rhodamine B [J]. Chemical Engineering Journal, 2013, 231: 434-440.

[22] Du Y C, Ma W J, Liu P X, et al. Magnetic $CoFe_2O_4$ nanoparticles supported on titanate nanotubes ($CoFe_2O_4$/TNTs) as a novel heterogeneous catalyst for peroxymonosulfate activation and degradation of organic pollutants [J]. Journal of Hazardous Materials, 2016, 308: 58-66.

[23] Lai C, Shi X X, Li L, et al. Enhancing iron redox cycling for promoting heterogeneous Fenton performance: A review [J]. Science of the Total Environment, 2021, 775: 145850.

[24] Hu P D, Long M C. Cobalt-catalyzed sulfate radical-based advanced oxidation: A review on heterogeneous catalysts and applications [J]. Applied Catalysis B: Environmental, 2016, 181: 103-117.

[25] Zhang W X, Zhang H, Yan X, et al. Controlled synthesis of bimetallic Prussian blue analogues to activate peroxymonosulfate for efficient bisphenol A degradation [J]. Journal of Hazardous Materials, 2020, 387: 121701.

[26] Li X, Wang Z H, Zhang B, et al. $Fe_xCo_{3-x}O_4$ nanocages derived from nanoscale metal-organic frameworks for removal of bisphenol A by activation of peroxymonosulfate [J]. Applied Catalysis B: Environmental, 2016, 181: 788-799.

第 5 章

钴铁基碳纳米管
泡沫镍复合阴极

　　电芬顿（EF）技术是在 Fenton 技术上发展而来的，其原理是 O_2 在阴极发生二电子氧还原生成 H_2O_2。与传统 Fenton 相比，EF 技术无需外加 H_2O_2，从而规避了 H_2O_2 在运输、存储过程中可能存在的风险，并且 Fe^{3+} 可在阴极得电子生成 Fe^{2+}，实现 Fe^{2+}/Fe^{3+} 的循环转化。泡沫镍（NF）由于具有较大的比表面积、独特的三维网状结构、高导电性、高孔隙率等优点常被用作电极材料[1]，但本身产生 H_2O_2 的能力差，通常需要碳材料的修饰。CNTs 因特殊的结构、较大的比表面积、优异的电化学性能常被用作合成 H_2O_2 的电催化材料[2]，但是制备产 H_2O_2 的阴极时常采用热压法[3]，造成 CNTs 活性位点的浪费，而浸渍-提拉的制备方法可保留丰富的活性位点。本章尝试将催化剂负载在产 H_2O_2 的阴极上制备双功能复合阴极，实现 H_2O_2 的原位产生及同步催化，同时避免重复使用过程中催化剂的回收。

　　本书以 NF 作为基体材料，以浸渍-提拉的方式制备 CNTs 修饰的 CNTs/NF 电极，采用多种表征技术对 CNTs/NF 电极的表面形貌、亲疏水性、比表面积和孔径分布进行表征测试，通过优化 CNTs/NF 的制备条件和实验条件得到高效合成 H_2O_2 的阴极材料。将 CNTs 与 CoFe PBAs 混合物进行高温热解以制备碳纳米管泡沫镍阴极（CoFe@NC-CNTs），采用浸渍-提拉的方式将 CoFe@NC-CNTs 负载在 CNTs/NF 上，制备集 H_2O_2 产生与原位催化于一体的钴铁基碳纳米管泡沫镍复合阴极（CoFe@NC-CNTs/CNTs/NF）。采用多种表征技术对复合材料的形貌、晶体结构、元素组成、石墨化程度、微观结构等进行分析，考察双功能复合阴极的制备条件和反应条件对阿特拉津降解的影响，优化非均相 EF 体系的实验参数并考察复合阴极的稳定性，通过自由基淬灭实验及 EPR 技术鉴定体系中活性氧物种的类型，探究非均相 EF 体系的催化反应机制。本书尝试将非均相 EF 技术与 PDS 技术结合，构建 EF-PDS 复合体系，初步探究其在降解阿特拉津中的应用。

5.1　钴铁基碳纳米管泡沫镍复合阴极的制备

　　（1）NF 预处理

　　将 NF（2cm×5cm）置于丙酮溶液中，超声 30min 以去除表面油污，用去离子水洗净后，将 NF 置于稀盐酸（0.1mol/L）中浸泡 20min 以去除 NF 表面的氧化物，将处理好的 NF 用去离子水洗净，80℃下真空干燥 10h。

（2）CNTs/NF 电极的制备

CNTs/NF 由三部分组成，即催化层（CNTs）、扩散层（PTFE 疏水膜）和 NF 基体。向一定质量分数的 nafion（一种全氟磺酸型聚合物溶液）-乙醇溶液中加入 CNTs，超声分散 1h 得到 CNTs 分散液；将 NF 浸渍在 CNTs 分散液中，浸渍 10s 后以 1cm/s 的速率匀速提拉，反复浸渍多次并干燥称重以确保 CNTs 的负载量；将上述电极片浸泡在一定质量分数的 PTFE 溶液中，取出干燥后置于 350℃（加热速率为 5℃/min）下煅烧 1h，制备得到 CNTs/NF 电极。

（3）CoFe@NC-CNTs 的制备

向 $CoCl_2$ 溶液（3mmol/L）中加入 0.2g PVP，持续搅拌至充分溶解，加入 150mg CNTs，超声分散 30min，记为混合液 A；将 $K_3[Fe(CN)_6]$ 溶液（2mmol/L）逐滴加到混合液 A 中，充分搅拌 30min 后得到混合液 B。混合液 B 静置老化 24h 后，离心收集并依次用去离子水和乙醇洗涤，80℃下真空干燥，在 N_2 气氛下于 600℃（加热速率为 5℃/min）热解 2h，得到钴铁氮掺杂碳修饰的 CNTs，记为 CoFe@NC-CNTs。为了进行比较，用 $K_3[Co(CN)_6]$ 代替 $K_3[Fe(CN)_6]$ 制备 Co@NC-CNTs，用 $FeCl_2$ 代替 $CoCl_2$ 制备 Fe@NC-CNTs。

CoFe@NC-CNTs/CNTs/NF 复合阴极的制备：向乙醇（5mL）中加入一定量的 CoFe@NC-CNTs 和 PTFE，超声 1h 得到均匀的分散液；将 CNTs/NF 浸渍于上述分散液中，浸渍 10s 后以 1cm/s 的速率匀速提拉，反复浸渍并干燥，将电极片在 N_2 气氛下于 350℃煅烧 1h，得到 CoFe@NC-CNTs/CNTs/NF 复合阴极。为进行比较，采用相同的步骤合成 Fe@NC-CNTs/CNTs/NF 和 Co@NC-CNTs/CNTs/NF 复合阴极。

5.2　碳纳米管泡沫镍阴极的制备及表征

本研究中的阴极电合成 H_2O_2 实验和阿特拉津降解实验均在单室圆柱形反应器中进行，在两电极体系的恒电流模式下进行反应。阴阳极竖直平行放置，极板间距为 3cm，在阴极和阳极之间放置曝气头，并外接曝气装置，为阴极电合成 H_2O_2 提供充足的溶解氧。反应过程中的温度控制在 25℃，转速为 400r/min，以减少反应过程中的浓差极化。实验装置如图 5-1 所示。

阴极电合成 H_2O_2 实验是以 CNTs/NF 为阴极，铂片（Pt）为阳极，电解质 Na_2SO_4 的浓度为 50mmol/L。通过调整初始 pH 值、电流密度和曝气量考察

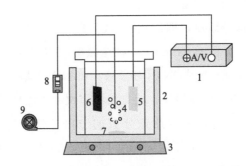

图 5-1　反应装置图

1—恒压恒流电源；2—水浴锅；3—磁力搅拌器；4—曝气头；5—阳极；

6—阴极；7—磁力搅拌转子；8—流量计；9—气体压缩泵

H_2O_2 的生成量。

5.2.1　CNTs/NF 阴极制备条件优化

在电流密度为 $6mA/cm^2$、溶液 pH 值为 5.9、曝气量为 0.9L/min 的条件下，考察 nafion 及 PTFE 溶液的质量分数、CNTs 的负载量对 H_2O_2 产量及电流效率的影响。

5.2.1.1　CNTs 负载量优化

CNTs 作为发生氧还原的催化位点，其负载量对电极电合成 H_2O_2 的性能有显著影响。因此，在 PTFE 溶液质量分数为 30%、nafion 溶液质量分数为 0.2% 的条件下考察了不同 CNTs 负载量（$3mg/cm^2$、$4mg/cm^2$、$5mg/cm^2$、$6mg/cm^2$）对 H_2O_2 产量的影响，并设置了未负载 CNTs 的对照组，记作 $0mg/cm^2$，即以 NF 作为阴极，实验结果如图 5-2 所示。未经 CNTs 修饰的原始 NF 电极在反应 120min 时的 H_2O_2 浓度为 0.22mmol/L，表明未负载 CNTs 的 NF 电极二电子氧还原能力很差。当 CNTs 负载量为 $3mg/cm^2$、$4mg/cm^2$ 和 $5mg/cm^2$，反应 120min 时，H_2O_2 的浓度分别为 6.39mmol/L、8.67mmol/L 和 10.01mmol/L，相应的电流效率分别为 35.68%、48.41% 和 55.9%。负载量为 $5mg/cm^2$，反应 120min 时的 H_2O_2 浓度约是未经 CNTs 修饰 NF 电极的 45.5 倍，表明 NF 经 CNTs 修饰后，H_2O_2 产量和电流效率随着 CNTs 负载量的增加而提高，CNTs 为二电子氧还原反应提供了催化位点，并且促进了电子的转移。进一步提高 CNTs 负载量，H_2O_2 产量反而下降，H_2O_2 浓度和电流效率分别为 9.15mmol/L

和 51.11％，性能下降可能是因为负载过量的 CNTs 导致电极表面 nafion 层过厚，传质受限从而不利于电子转移[4]。因此，选择 CNTs 负载量 5mg/cm² 进行后续研究。

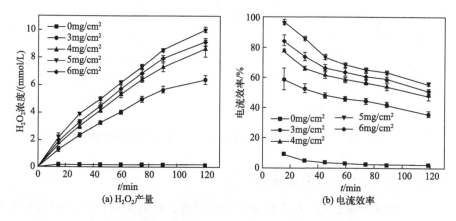

(a) H₂O₂产量　　　　　(b) 电流效率

图 5-2　CNTs 负载量对 H₂O₂ 产量和电流效率的影响

5.2.1.2　PTFE 溶液质量分数优化

包覆在 CNTs/NF 表面的 PTFE 可赋予电极疏水性，减缓电极因电解液导致的电润湿，从而保证阴极具有良好的稳定性，并且 PTFE 的引入可在电极表面及内部形成气-液-固三相界面，有利于溶解氧附着在催化位点上发生二电子氧还原反应。因此，在 CNTs 负载量为 5mg/cm²、nafion 溶液质量分数为 0.2％ 的条件下考察了 PTFE 溶液的质量分数（10％、20％、30％、40％）对 CNTs/NF 电合成 H₂O₂ 产量及电流效率的影响，并设置了未浸渍 PTFE 溶液的对照组，记作 0％，实验结果如图 5-3 所示。在未浸渍 PTFE 溶液的情况下，反应 120min 时，H₂O₂ 浓度仅为 1.09mmol/L，电流效率为 6.07％；而浸渍 PTFE 溶液后的 CNTs/NF 电极在相同时间内的 H₂O₂ 产量和电流效率均有很大程度的提高，当 PTFE 溶液的质量分数为 20％ 时，反应 120min 时，H₂O₂ 浓度为 10.37mmol/L，电流效率为 57.9％，此时的 H₂O₂ 浓度是无 PTFE 疏水层电极时 H₂O₂ 浓度的 9.5 倍，这是因为在没有 PTFE 疏水层的情况下，CNTs 直接暴露于电解质溶液中，无法形成有效的气-液-固三相界面，导致电解质溶液润湿活性位点。当 PTFE 溶液的质量分数为 30％ 和 40％ 时，H₂O₂ 产量和电流效率均下降，过量的 PTFE 导致疏水层过厚覆盖了电极表面的催化位点[5]，阻碍 O₂ 传质并增大电极的电阻，因此，适量的 PTFE 对于电合成 H₂O₂ 非常关键，通过实验确定 PTFE 溶液质量分数为 20％。

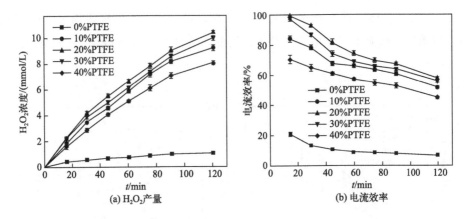

图 5-3　PTFE 溶液质量分数对 H$_2$O$_2$ 产量和电流效率的影响

5.2.1.3　nafion 溶液质量分数优化

nafion 含量影响 CNTs 在乙醇中的分散程度，进而影响浸渍-提拉过程中的成膜。在 CNTs 负载量为 5mg/cm^2、PTFE 溶液质量分数为 20% 的条件下考察了 nafion 溶液的质量分数（0.1%、0.2%、0.3%、0.4%）对 CNTs/NF 电合成 H$_2$O$_2$ 产量及电流效率的影响，并设置了未添加 nafion 溶液的对照组，记作 0%。

由图 5-4 可知，当 nafion 溶液的质量分数为 0%、反应 120min 时，H$_2$O$_2$ 浓度和电流效率分别为 4.75mmol/L 和 26.53%，逐渐增加 nafion 溶液的质量分数至 0.2%，相同时间内的 H$_2$O$_2$ 浓度和电流效率分别为 10.37mmol/L 和 57.9%；随着 nafion 溶液质量分数进一步提高，H$_2$O$_2$ 产量和电流效率反而下降，当 nafion 溶液质量分数为 0.4%，反应 120min 时，H$_2$O$_2$ 浓度和电流效率分别为 7.36mmol/L 和 41.07%。低质量分数的 nafion 溶液（<0.2%）导致 CNTs 在乙

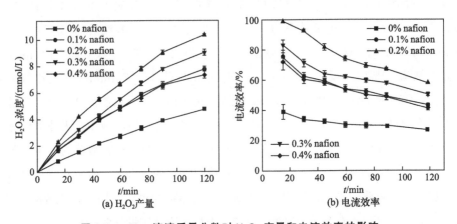

图 5-4　nafion 溶液质量分数对 H$_2$O$_2$ 产量和电流效率的影响

醇溶液中分散不均，致使 NF 表面 CNTs 覆盖不均匀，而高质量分数的 nafion 溶液（＞0.2%）容易在 NF 的三维结构中形成较厚的聚合物层[6]导致传质阻力增加、电极导电性变差，阻碍 O_2 进入活性位点进而抑制 H_2O_2 生成，因此选择质量分数为 0.2% 的 nafion 溶液用于后续的实验。

5.2.2　CNTs/NF 阴极的表征

5.2.2.1　表面形貌分析

对 NF 及 PTFE 修饰前后的 CNTs/NF 电极的表面形貌进行 SEM 表征（图 5-5）。由图 5-5（a）和图 5-5（d）可知，NF 具有独特的三维多孔结构且表面光滑，有助于 O_2 在电极内部的传质，图 5-5（b）是未浸渍 PTFE 溶液的 CNTs/NF 的表面形貌，可见 NF 的骨架被 CNTs 完全覆盖，分布着大量的 CNTs［图 5-5（e）］，NF 的三维多孔结构仍清晰可见，CNTs 的负载增大了电极表面的粗糙程度，为二电子氧还原反应提供了大量的活性位点。图 5-5（c）是浸渍 PTFE 溶液后的 CNTs/NF 电极，可见电极表面被 PTFE 疏水层覆盖，可有效抑制电解液对电极内部的润湿，并且表面出现许多裂纹和孔结构［图 5-5（f）］，这有助于 O_2 扩散进入电极内部，经 PTFE 修饰后的 CNTs/NF 电极有利于维持稳定的气-液-固三相界面。

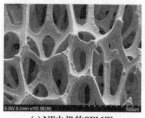
(a) NF电极的SEM图

(b) 未浸渍PTFE溶液的CNTs/NF
电极的SEM图

(c) 浸渍PTFE溶液的CNTs/NF
电极的SEM图

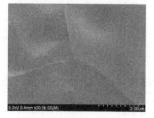
(d) 放大后NF电极的SEM图

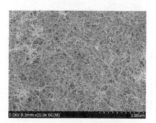
(e) 放大后未浸渍PTFE溶液的
CNTs/NF电极的SEM图

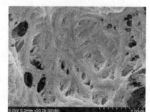
(f) 放大后浸渍PTFE溶液的
CNTs/NF电极的SEM图

图 5-5　不同电极的 SEM 图

5.2.2.2 亲疏水性分析

接触角测试用于表征电极表面的亲疏水性。图 5-6 为 NF 和 CNTs/NF 电极的接触角，NF 和 CNTs/NF 的接触角分别为 139.5° 和 152.6°。与 NF 相比，CNTs/NF 的接触角明显增大，疏水性的增强将减缓电极在反应和曝气过程中的电润湿，CNTs/NF 多孔的结构和疏水表面有助于 O_2 通过孔隙和疏水层进入电极内部，有利于电合成 H_2O_2。

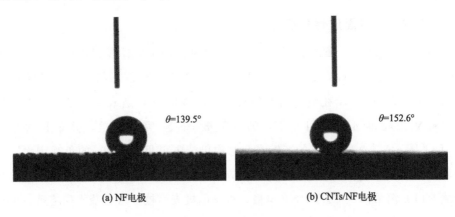

(a) NF电极　　　　　　　　　(b) CNTs/NF电极

图 5-6　接触角测试

5.2.2.3 比表面积和孔径分析

NF 和 CNTs/NF 的 N_2 吸附-脱附曲线如图 5-7（书后另见彩图）所示，CNTs/NF 的 N_2 吸附-脱附曲线属于 Ⅳ 型等温线，回滞环为 H3 型。NF 和 CNTs/NF 的比表面积分别为 $1.06m^2/g$ 和 $5.72m^2/g$，经 CNTs 修饰后的 CNTs/NF 电极比表面积增大了 4 倍。从图 5-7 插图可知，CNTs/NF 具有微孔和

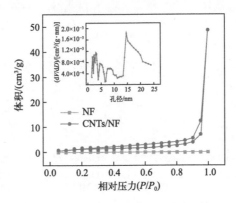

图 5-7　NF 和 CNTs/NF 电极的 N_2 吸附-脱附曲线

中孔结构，比表面积的增大以及微孔结构的出现为 O_2 吸附在催化位点上提供了机会，有利于电催化合成 H_2O_2。

5.3　钴铁基碳纳米管泡沫镍复合阴极的制备及表征

阿特拉津降解实验以 CoFe@NC-CNTs/CNTs/NF 为阴极，Pt 为阳极，电解质 Na_2SO_4 浓度为 50mmol/L，阿特拉津初始浓度为 10mg/L。考察初始 pH 值、电流密度和曝气量等对非均相 EF 体系降解阿特拉津的影响。

5.3.1　CoFe@NC-CNTs/CNTs/NF 复合阴极制备条件优化

在 CNTs/NF 电极的基础上，将催化组分 CoFe@NC-CNTs 和 PTFE 负载到 CNTs/NF 电极上制备 CoFe@NC-CNTs/CNTs/NF 复合阴极，考察 CoFe@NC-CNTs 及 PTFE 的负载量对复合阴极降解阿特拉津的影响。

5.3.1.1　CoFe@NC-CNTs 负载量优化

CoFe@NC-CNTs 负载在阴极上，可实现 H_2O_2 的原位催化，CoFe@NC-CNTs 负载量的多少将影响阿特拉津的降解。在 PTFE 负载量为 2.0mg/cm² 、电流密度为 6mA/cm² 、溶液 pH 值为 5.9、曝气量为 0.6L/min、阿特拉津浓度为 10mg/L 的条件下，考察 CoFe@NC-CNTs 的负载量（2.5mg/cm² 、3.0mg/cm² 、3.5mg/cm² 、4.0mg/cm² 、4.5mg/cm²）对阿特拉津降解的影响，结果如图 5-8 所示。

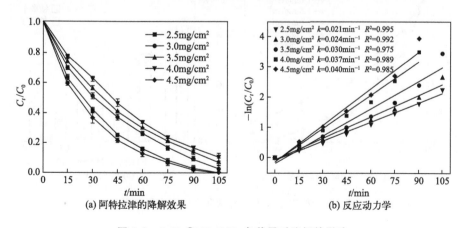

(a) 阿特拉津的降解效果　　(b) 反应动力学

图 5-8　CoFe@NC-CNTs 负载量对降解的影响

当 CoFe@NC-CNTs 负载量从 2.5mg/cm² 增加 4.0mg/cm² 时, 阿特拉津的去除率和反应速率常数均逐渐增大, 当 CoFe@NC-CNTs 负载量为 4.0mg/cm², 反应 105min 时, 阿特拉津的去除率为 100%, 反应速率常数为 0.037min⁻¹。继续增加 CoFe@NC-CNTs 的负载量至 4.5mg/cm², 10mg/L 阿特拉津实现完全降解用时 105min, 反应 90min 时的阿特拉津去除率为 98.0%, 仅略高于 CoFe@NC-CNTs 负载量为 4.0mg/cm² 时的去除率 (96.9%), 反应速率常数 0.040min⁻¹ 略高于负载量为 4.0mg/cm² 时的反应速率常数 (0.037min⁻¹), 表明当 CoFe@NC-CNTs 负载量超过一定值时, 阿特拉津的去除率提高并不明显。上述现象可能是因为随着催化剂的负载量增加, 原位激活 H_2O_2 的活性位点增多, 促进 •OH 的生成, 但是过量的催化剂负载可能导致生成的 •OH 与催化组分发生反应从而消耗了 •OH。因此, 确定 CoFe@NC-CNTs 的最佳负载量为 4.0mg/cm²。

5.3.1.2　PTFE 负载量优化

在制备复合阴极的过程中两次用到了 PTFE: 第一次是在制备 CNTs/NF 阴极时, 此时的 PTFE 增加阴极疏水性, 目的是建立稳定的气-液-固三相界面以实现亲疏水性平衡, 促进 O_2 在电极表面及内部的传质, 从而增加 H_2O_2 产量; 第二次使用 PTFE 是发挥其黏合剂的作用, 将催化剂负载到复合阴极上, 由于 PTFE 是一种疏水性高分子材料, 可以减少金属离子浸出, 从而保证良好的稳定性[7]。因此, 有必要考察 PTFE 的负载量 (1.0mg/cm²、1.5mg/cm²、2.0mg/cm²、2.5mg/cm²、3.0mg/cm²) 对阿特拉津降解的影响, 结果如图 5-9 所示。

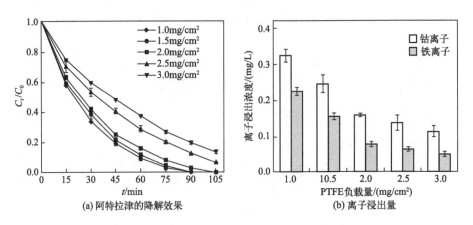

(a) 阿特拉津的降解效果　　(b) 离子浸出量

图 5-9　PTFE 负载量对降解和离子浸出量的影响

由图 5-9 (a) 可知, 当 PTFE 负载量为 1.0mg/cm²、1.5mg/cm²、2.0mg/cm²、

$2.5mg/cm^2$ 和 $3.0mg/cm^2$，反应 90min 时的阿特拉津去除率分别为 100%、100%、96.9%、87.6% 和 80.6%。阿特拉津的去除率随 PTFE 负载量的增加而下降，可能是因为较高负载量的 PTFE 包裹在 CoFe@NC-CNTs 催化组分上，覆盖了催化位点从而降低了催化活性，并且阻碍了催化组分与污染物的接触，导致阿特拉津去除率下降。本实验还考察了不同 PTFE 负载量时的离子浸出量 [图 5-9（b）]，当 PTFE 负载量为 $1.0mg/cm^2$ 时，总 Co 和总 Fe 的浸出量分别为 $0.323mg/L$ 和 $0.223mg/L$。而随着 PTFE 负载量增加，金属离子浸出量显著下降，当 PTFE 负载量为 $2.0mg/cm^2$ 时，总 Co 和总 Fe 的浸出量分别为 $0.156mg/L$ 和 $0.075mg/L$，与 PTFE 负载量为 $1.0mg/cm^2$ 时的阿特拉津去除率和离子浸出量相比，阿特拉津去除率仅下降了 3.1%，但是离子浸出量却明显减少。继续增加 PTFE 负载量，离子浸出量并未显著下降，但是相同时间内的阿特拉津去除率下降明显，可能是因为过量的 PTFE 导致电子转移受阻、电合成 H_2O_2 产量及催化活性降低，因此选择 PTFE 的最佳负载量为 $2.0mg/cm^2$。

5.3.2　CoFe@NC-CNTs/CNTs/NF 复合阴极表征

5.3.2.1　晶体结构分析

通过 XRD 测试确定材料的物质组成，如图 5-10 所示，CoFe@NC-CNTs 和 CoFe@NC 在 2θ 为 44.8°、65.3° 和 82.7° 处的衍射峰与 CoFe（PDF♯49-1567）标准衍射峰匹配良好，可分配给 (110)、(200)、(211) 晶面。CoFe@NC-CNTs 和 CoFe@NC 在 2θ 为 26.3° 处的衍射峰对应石墨碳 (002) 晶面，这是由—CN 在 N_2 气氛下高温热解得到的，这点与第 3 章相同。通过谢乐（Scherrer）公式估算得到 CoFe@NC-CNTs 和 CoFe@NC 的平均晶体尺寸分别为 26.4nm 和

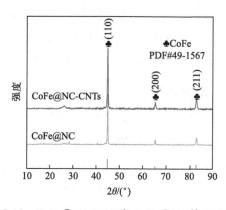

图 5-10　CoFe@NC-CNTs 和 CoFe@NC 的 XRD 图

38.2nm，表明 CNTs 的引入可以显著缓解纳米颗粒的团聚。

5.3.2.2　表面形貌分析

对 CNTs 和 CoFe@NC-CNTs 的表面形貌进行表征，如图 5-11 所示。原始 CNTs 高度缠绕呈现网络结构 ［图 5-11 （a）］，由图 5-11 （b） 可知，CoFe@ NC-CNTs 由许多相对规则的球形颗粒附着在 CNTs 上，呈现"串珠"结构，表明 CoFe@NC 颗粒成功负载到 CNTs 上。

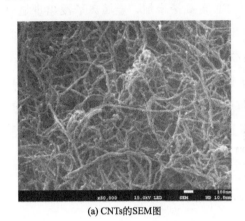

(a) CNTs的SEM图　　　　　　　　　　(b) CoFe@NC-CNTs的SEM图

图 5-11　不同材料的 SEM 图

5.3.2.3　微观形貌分析

对 CoFe@NC-CNTs 进行 TEM 和 HRTEM 测试，以进一步分析催化剂的微观结构。图 5-12 （a） 显示了大量随机负载在 CNTs 上的 CoFe@NC 纳米颗粒，CoFe 被封装在厚度为 3.5～14.9nm 的石墨碳壳中，错综复杂的 CNTs 可以形成强大的导电网络，有助于加速物质之间的电子转移。从 HRTEM 图 ［图 5-12 （b）］ 中可清楚地观察到 CoFe@NC 的"核壳"结构。图 5-12 （c） 为选区电子衍射 （SAED） 图，表明 CoFe@NC-CNTs 具有多晶特征，且衍射环与 CoFe@ NC 的 （110）、（200） 和 （211） 晶面及石墨碳的 （002） 晶面吻合。

5.3.2.4　Raman 光谱分析

CoFe@NC-CNTs 和 CNTs 的 Raman 光谱如图 5-13 所示。CoFe@NC-CNTs 的 Raman 光谱在低于 1000cm^{-1} 的范围内观察到许多小峰，其中低于 500cm^{-1} 的峰归属于 CoFe 合金的特征峰[8]，667cm^{-1} 和 282cm^{-1} 的峰归属于 Fe 或 Co 配体[9]，上述特征峰的存在表明 CoFe@NC 成功附着在 CNTs 上。通过比较金属负载前后的强度比 （I_D/I_G），可以确定碳材料的缺陷程度和金属附着的位置[10]。

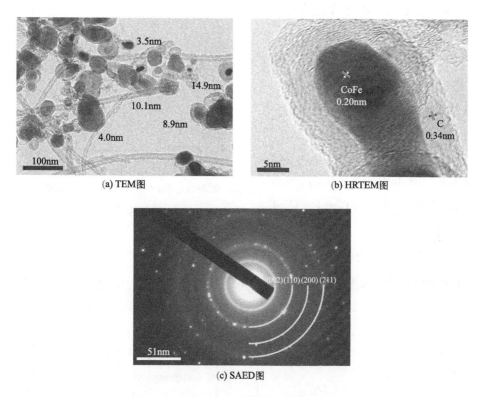

(a) TEM图

(b) HRTEM图

(c) SAED图

图 5-12　CoFe@NC-CNTs 的 TEM、HRTEM、SAED 图

CNTs 的 I_D/I_G 值为 1.39，CoFe@NC-CNTs 的 I_D/I_G 值为 1.27，I_D/I_G 值降低表明 CoFe@NC 纳米颗粒锚定在 CNTs 的缺陷位点上，而不是在光滑有序的表面上。CoFe@NC 锚定在 CNTs 的缺陷部位上有利于加速电子转移，提高催化活性。

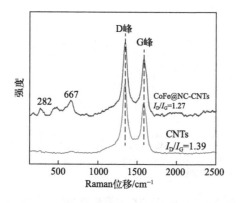

图 5-13　CoFe@NC-CNTs 和 CNTs 的 Raman 光谱图

5.3.2.5 表面元素组成分析

CoFe@NC-CNTs/CNTs/NF 电极的 XPS 全谱如图 5-14 所示,该电极表面主要存在 C、N、O、F、Fe、Co 六种元素,F 元素来自 PTFE。由 C 1s 高分辨图谱 [图 5-15(a)] 可知,结合能位于 284.8eV、285.6eV、286.4eV、288.4eV、292.8eV 和 296.0eV 处的拟合峰分别对应 C═C、C—C、C—N、C═O、CF₂ 和 CF₃, C—N

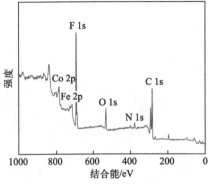

图 5-14   CoFe@NC-CNTs/CNTs/NF 的 XPS 全谱

键表明形成了 N 掺杂碳,碳氟基团(CF₂ 和 CF₃)的出现是由于电极制备过程中引入了 PTFE[11]。N 1s 光谱拟合成 3 个峰 [图 5-15(b)],结合能位于 399.0eV、

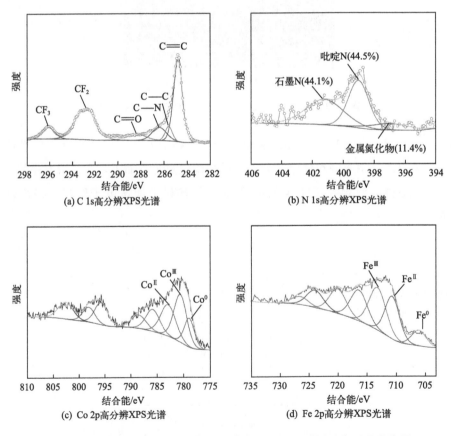

(a) C 1s高分辨XPS光谱

(b) N 1s高分辨XPS光谱

(c) Co 2p高分辨XPS光谱

(d) Fe 2p高分辨XPS光谱

图 5-15   CoFe@NC-CNTs/CNTs/NF 的高分辨 XPS 光谱图 (书后另见彩图)

401.2 eV 和 397.0eV 的峰分别与吡啶 N、石墨 N 和金属氮化物有关[12]，吡啶 N、石墨 N 和金属氮化物的相对含量分别为 44.5%、44.1% 和 11.4%。富氮前驱体在 600℃ 下热解，过渡金属（Fe 和 Co）掺杂到 N 掺杂碳骨架中，从而形成了金属氮化物（Co—N—C 和 Fe—N—C）。石墨 N 对催化反应有很大贡献，而吡啶 N 由于其给电子特性可以作为 Co 和 Fe 的锚定位点[13]。据报道，吡啶 N、石墨 N、金属氮化物均可作为活性位点参与类芬顿催化反应[14]。如图 5-15（c）所示，Co 2p 高分辨率光谱的解卷积峰表明存在 Co^0（778.8eV）、Co^{II}（782.8eV 和 798.0eV）和 Co^{III}（780.5eV 和 795.6eV）[15, 16]。在 Fe 2p 的高分辨率光谱 [图 5-15（d）] 中，结合能位于 706.1eV 和 719.9eV 的峰证明了 Fe^0 的存在，位于 713.1eV 和 726.4eV 的拟合峰归于 Fe^{III}，710.6eV 和 723.8eV 的结合能对应 Fe^{II}[17]。

5.4　碳纳米管泡沫镍阴极对 H_2O_2 生成量的影响因素探究

5.4.1　曝气量对 H_2O_2 生成量的影响

在 H_2O_2 生成过程中通常需要持续通入空气或 O_2，以保证体系中含有充足的溶解氧。本实验考察了不同曝气量（0.3L/min、0.6L/min、0.9L/min、1.2L/min）对 H_2O_2 产量和电流效率的影响，同时设置了 0L/min 作为对照组，对照组不利用曝气装置为体系提供空气，但是反应装置仍与外界空气相通，实验结果如图 5-16 所示。

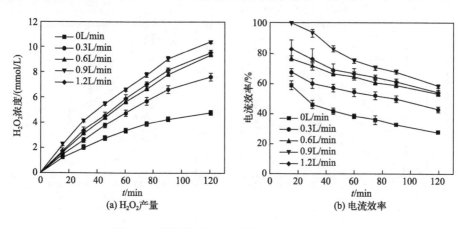

(a) H_2O_2 产量　　(b) 电流效率

图 5-16　曝气量对 H_2O_2 产量和电流效率的影响

由图 5-16 可知，当体系曝气量为 0L/min，反应 120min 时，H_2O_2 生成量为 4.81mmol/L，可见即便是未鼓入空气，体系中仍可生成较多的 H_2O_2，这可能是阴极充分利用了阳极析氧反应产生的溶解氧，也可能是由于溶液在搅拌过程中与外界空气发生了气体交换。随着曝气量的增加，H_2O_2 产量呈现先上升后下降的趋势，当曝气量为 0.9L/min、反应 120min 时，H_2O_2 产量为 10.37mmol/L，电流效率为 57.9%；而曝气量增加到 1.2L/min 时，H_2O_2 产量下降至 9.53mmol/L，电流效率下降至 53.22%。对于具备气-液-固三相界面的阴极而言，空气的持续鼓入有利于 H_2O_2 的生成，而曝气量超过一定数值后产生的大气泡附着在阴极表面，不利于溶解氧吸附在阴极表面及内部的催化位点上，从而影响 H_2O_2 的生成。

5.4.2　电流密度对 H_2O_2 生成量的影响

电流密度的增加将加速电子转移并促进 H_2O_2 的电合成，但是副反应也会导致电流效率的下降。在曝气量为 0.9L/min、溶液初始 pH 值为 5.9 的条件下，考察电流密度为 1.5mA/cm²、3.0mA/cm²、4.5mA/cm²、6.0mA/cm²、7.5mA/cm² 时的 H_2O_2 产量和电流效率，结果如图 5-17 所示。当电流密度从 1.5mA/cm² 增加到 6.0mA/cm²、反应 120min 时，H_2O_2 浓度从 4.85mmol/L 增加到 10.37 mmol/L，可见 H_2O_2 产量随电流密度的增加而增加，这是因为电流增加促进了电子转移，有利于电催化合成 H_2O_2。当电流密度为 7.5mA/cm² 时，H_2O_2 累积浓度达到了 11.11mmol/L，此时的电流效率为 49.62%，与电流密度为 6.0mA/cm² 时的 H_2O_2 产量和电流效率相比，H_2O_2 产量仅增加 0.74mmol/L，

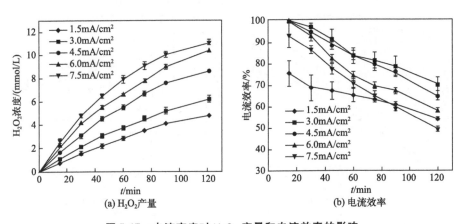

(a) H_2O_2 产量　　　　　　　　(b) 电流效率

图 5-17　电流密度对 H_2O_2 产量和电流效率的影响

但电流效率下降了 8.28%。电流效率下降的原因可能是较高的电流密度加快了 O_2 四电子还原［式（1-11）］，同时体系中的析氢等副反应也会随着电流密度增加而加剧［式（5-1）］。

5.4.3　初始 pH 值对 H_2O_2 生成量的影响

本实验考察了溶液不同初始 pH 值对 H_2O_2 产量和电流效率的影响。考察溶液初始 pH 值为 3.0、4.5、5.9、7.0 和 9.0 时的 H_2O_2 产量和电流效率，实验结果如图 5-18 所示。

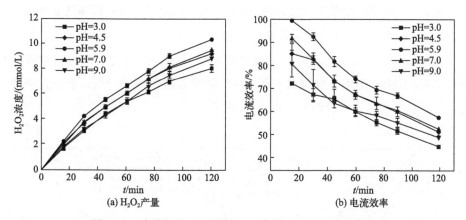

(a) H_2O_2 产量　　　　　　(b) 电流效率

图 5-18　溶液初始 pH 值对 H_2O_2 产量和电流效率的影响

由图 5-18 可知，当溶液初始 pH 值为 3.0、反应 120min 时，H_2O_2 浓度和电流效率分别为 8.06mmol/L 和 44.99%；随着溶液 pH 值升高，H_2O_2 的生成量和电流效率逐渐增加，当溶液初始 pH 值为 5.9 时，H_2O_2 的生成量和电流效率均最高，分别为 10.37mmol/L 和 57.9%；进一步提高溶液初始 pH 值，H_2O_2 的产量和电流效率均下降。可见溶液 pH 值过高和过低均不利于 H_2O_2 的电合成，原因可能是在酸性条件下，过量的 H^+ 会加速 H_2O_2 的分解，并且过量的 H^+ 可清除 ·OH［式（5-2）］[18]；而在碱性条件下，缺少生成 H_2O_2 的 H^+，O_2 在阴极倾向于生成 HO_2^-［式（5-3）］[19]，因此，溶液的 pH 值对阴极电合成 H_2O_2 起着非常重要的作用。

$$2H^+ + 2e^- \longrightarrow H_2 \uparrow \tag{5-1}$$

$$\cdot OH + H^+ + e^- \longrightarrow H_2O \tag{5-2}$$

$$O_2 + 2OH^- \longrightarrow 2HO_2^- \tag{5-3}$$

5.5　钴铁基碳纳米管泡沫镍复合阴极非均相 EF 体系的性能研究

5.5.1　不同影响因素对处理效果的影响

5.5.1.1　曝气量的影响

由 5.4.1 部分可知曝气量会影响 H_2O_2 产量，因此有必要考察曝气量对 CoFe@NC-CNTs/CNTs/NF 复合阴极降解阿特拉津的影响。在本实验中考察了曝气量为 0.3L/min、0.6L/min、0.9L/min 时阿特拉津的去除情况，同时设置曝气量为 0L/min 作为对照组，对照组不利用曝气装置为体系提供空气，但是反应装置仍与外界空气相通，实验结果如图 5-19 所示。

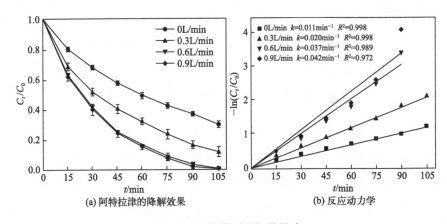

图 5-19　曝气量对降解的影响

由图 5-19 （a）可知，当体系无外部曝气（0L/min），反应 105min 时，阿特拉津的去除率为 70.3%，虽无外部曝气，但由 5.4.1 部分可知此时体系中生成较多的 H_2O_2（4.81mmol/L），可发生原位催化实现阿特拉津的去除。随着曝气量增加，阿特拉津的去除率也增加，这主要是因为充足的溶解氧为 H_2O_2 的生成提供了条件，促进了活性氧物种的生成。当曝气量为 0.6L/min 时，阿特拉津的去除率在 105min 达到了 100%，此条件下的反应速率常数为 $0.037min^{-1}$；而随着曝气量增加到 0.9L/min，阿特拉津的去除率并未明显提高，反应速率常数为

0.042min^{-1}。由此可得，曝气量为 0.9L/min 时的 H_2O_2 产量高于 0.6L/min 时的 H_2O_2 产量，但是 CoFe@NC-CNTs/CNTs/NF 复合阴极在曝气量为 0.9L/min 时的阿特拉津去除率相较于 0.6L/min 时的阿特拉津去除率没有明显提高，表明在非均相 EF 体系中，当提供的溶解氧充足时，阿特拉津的降解不再受限于 H_2O_2 的生成量，此时体系中有充足的活性氧物种，曝气量太大反而导致大气泡附着在阴极表面形成隔气层，阻碍溶解氧传质，且不利于阿特拉津与阴极接触。因此继续提高曝气量无法显著提高阿特拉津去除率，降解阿特拉津时确定曝气量为 0.6L/min。

5.5.1.2　电流密度的影响

由 5.4.2 部分可知电流密度影响阴极 H_2O_2 的生成，因此有必要考察电流密度（1.5mA/cm^2、3.0mA/cm^2、4.5mA/cm^2、6.0mA/cm^2 和 7.5mA/cm^2）对 CoFe@NC-CNTs/CNTs/NF 复合阴极阿特拉津降解的影响，实验结果如图 5-20 所示。

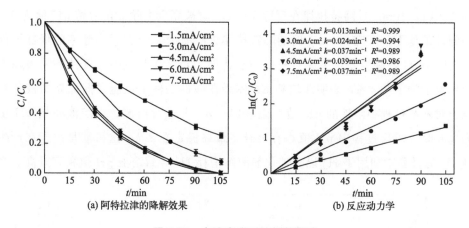

(a) 阿特拉津的降解效果　　(b) 反应动力学

图 5-20　电流密度对降解的影响

由图 5-20 可知，当电流密度从 1.5mA/cm^2 增加到 4.5mA/cm^2、反应 105min 时，阿特拉津的去除率从 74.9% 提高到 100%，反应速率常数从 0.013min^{-1} 增大到 0.037min^{-1}，可见随着电流密度的增加，阿特拉津的去除率和反应速率常数均逐渐增加，这是因为电流密度是金属组分实现氧化还原循环和 H_2O_2 合成的驱动力[20]。由 5.4.2 部分可知，随着电流密度增加，相同时间内产生的 H_2O_2 越多，意味着体系产生了大量的 ·OH，对阿特拉津的降解起到促进作用；而电流密度为 $6.0mA/cm^2$ 和 $7.5mA/cm^2$ 时，阿特拉津去除率和反应速率常数没有增加，这可能与高电流密度引发的竞争性副反应增强有关，如 O_2 四电子氧还原反应 [式 (1-11)]、析氢反应 [式 (5-1)] 等，当电流过高时，过量的 H_2O_2 消耗 $\cdot OH$ [式 (5-4)] 并且发生 H_2O_2 自分解 [式 (5-5)]。因此，施加过高的电流密度不一定有利于污染物的去除，降解阿特拉津的最优电流密度为 $4.5mA/cm^2$。

$$H_2O_2 + \cdot OH \longrightarrow H_2O + \cdot HO_2 \qquad (5\text{-}4)$$

$$2H_2O_2 \longrightarrow 2H_2O + O_2 \uparrow \qquad (5\text{-}5)$$

5.5.1.3 初始 pH 值的影响

溶液 pH 值是影响非均相 EF 体系催化效果的关键因素。本实验考察了溶液初始 pH 值 (3.0、4.5、5.9、7.0、9.0) 对阿特拉津降解的影响。由图 5-21 (a) 可知，以 CoFe@NC-CNTs/CNTs/NF 为阴极构建的非均相 EF 体系在宽 pH 值范围 (3.0~9.0) 内对阿特拉津的降解均取得了良好效果。当初始 pH 值为 3.0 时，阿特拉津去除率在反应 75min 时为 100%；当初始 pH 值为 5.9 (未调节) 时，10mg/L 阿特拉津在反应 105min 时被完全去除；在初始 pH 值为 9.0 的碱性条件下，反应 105min 时的阿特拉津去除率为 92.6%，去除率的降低可能是由于 $\cdot OH$ 在碱性条件下具有较低的氧化能力，然而与近中性条件下的去除率相比仅下降了 7.4%，表明非均相 EF 体系在碱性条件下也能发挥优异的催化性能。对降解过程中溶液的 pH 值 [图 5-21 (b)] 进行监测，当溶液初始 pH 值为 3.0 时，反应过程中 pH 值略有上升，最终稳定在 3.4，这可能是由于在产生 H_2O_2 的过程中利用了 H^+ 以及催化剂溶解消耗 H^+ 导致溶液 pH 值稍有升高。当

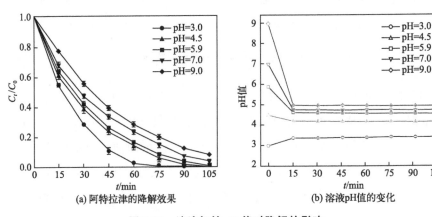

(a) 阿特拉津的降解效果　　　　(b) 溶液 pH 值的变化

图 5-21　溶液初始 pH 值对降解的影响

初始 pH 值为 5.9、7.0 和 9.0 时，在电催化早期阶段（前 15min）pH 值显著下降。当初始 pH 值为 5.9 时，反应结束后的溶液 pH 值维持在 4.6，可能是因为降解过程中形成了短链羧酸[21]。

由 5.4.3 部分可知，CNTs/NF 阴极在酸性条件下的 H_2O_2 产量低于在近中性条件下的 H_2O_2 产量，但是经金属催化剂修饰后的双功能复合阴极在酸性条件下对阿特拉津的去除能力优于近中性条件，这种现象可能是由于酸性条件下浸出了较多的金属离子，从而发生了均相催化。图 5-22 为不同初始 pH 值时的金属离子浸出量，初始 pH 值为 3.0 时 Co 离子和 Fe 离子的浸出量分别为 0.481mg/L 和 0.293mg/L，而初始 pH 值为 5.9 时的 Co 离子和 Fe 离子浸出量分别为 0.151mg/L 和 0.068mg/L，随着初始 pH 值进一步升高，金属离子浸出量进一步减小，初始 pH 值为 9.0 时的 Co 离子和 Fe 离子浸出量分别为 0.109mg/L 和 0.045mg/L，表明酸性条件下金属离子浸出量比近中性及碱性条件下的浸出量要高，但是浸出量均低于 GB 13456—2012 和 GB 25467—2010 的允许限值（总 Fe<2mg/L，总 Co<1mg/L）。较低的离子浸出量可能与 CoFe 催化组分封装在石墨碳壳中有关，并且 PTFE 作为黏合剂可有效减缓金属离子向溶液中的释放。

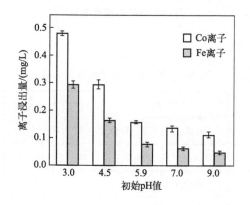

图 5-22　溶液不同初始 pH 值时的金属离子浸出量

5.5.2　钴铁基碳纳米管泡沫镍复合阴极稳定性测试

电极稳定性直接关系到钴铁基碳纳米管泡沫镍复合阴极在实际应用中的可行性。通过连续实验探究复合阴极的稳定性，每次实验结束后，用超纯水冲洗掉附着的有机物。实验条件为阿特拉津初始浓度为 10mg/L、电流密度为 4.5mA/cm²、曝气量为 0.6L/min、溶液初始 pH 值为 5.9。如图 5-23 所示，CoFe@

NC-CNTs/CNTs/NF 复合阴极在连续 8 个循环后仍保持较高的催化活性,阿特拉津的去除率在复合阴极重复运行 8 次时仍保持在 90.2%。其优异的稳定性可能与金属催化组分浸出量小且在电场作用下建立了不同价态金属循环有关,而且 PTFE 减缓了电解液对电极表面及内部的电润湿,进一步提高了复合阴极的稳定性。将 CoFe@NC-CNTs/CNTs/NF 复合阴极与已报道的复合阴极相比,由表 5-1 可知,本工作制备的复合阴极具有优异的重复稳定性。

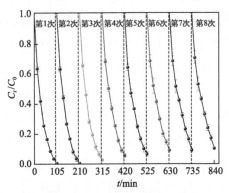

图 5-23   CoFe@NC-CNTs/CNTs/NF

复合阴极的稳定性测试

表 5-1   不同复合阴极稳定性比较

复合阴极类型	反应条件		时间 /min	去除率 /%	稳定性
	电流	溶液 pH 值			
CFF/CNT[22]	40mA/cm²	3.0	120	98.1	重复 6 次去除率约 90%
CCFO/CB@CF[7]	30mA	3.0	120	96.3	重复 5 次去除率 78%
Fe₃O₄/MWCNTs[20]	80mA	3.0	180	90.3	重复 5 次去除率 80.4%
CoFe@NC-CNTs/CNTs/NF	4.5mA/cm²	5.9	105	100	重复 8 次去除率 90.2%

5.5.3   非均相 EF 体系催化机理探究

鉴定非均相 EF 体系中活性氧物种的类型有利于揭示催化反应机制。通常,EF 体系中存在多种参与污染物降解的活性氧物种,例如 ·OH、超氧阴离子(O_2^-·)、单线态氧($^1O_2$)等。本实验采用 TBA、BQ、糠醇(FFA)和过氧化氢酶（CAT）分别用作 •OH、O_2^-•、$^1O_2$ 和 H_2O_2 的淬灭剂[7, 23]。实验条件为曝气量为 0.6L/min、电流密度为 4.5mA/cm^2、阿特拉津初始浓度为 10mg/L、溶液初始 pH 值为 5.9，如图 5-24（a）所示。当加入 TBA、BQ、FFA 和 CAT 后，阿特拉津的去除受到明显抑制，反应 105min 时，阿特拉津的去除率分别为72.0%、83.1%、79.8% 和 61.1%，表明 •OH、O_2^-•、$^1O_2$ 和 H_2O_2 共存于非均相 EF 体系中。采用 EPR 测试进一步确认系统中 $^1O_2$、O_2^-• 和 •OH 的存在，采用 2,2,6,6-四甲基哌啶（TEMP）作为 $^1O_2$ 的捕获剂，采用 DMPO 作为 O_2^-• 和 •OH 的捕获剂。如图 5-24（b）所示，EPR 测试出现了 3 种不同的信号峰，四重线的特征信号峰强度比 1:2:2:1 和 1:1:1:1 分别归于 DMPO- •OH 和DMPO-O_2^-•[24]，而特征信号峰强度比为 1:1:1 的三重谱归为 TEMP-$^1O_2$ 的特征峰[23]。EPR 光谱进一步证实，在非均相 EF 体系中降解阿特拉津的活性氧物种为 $^1O_2$、O_2^-• 和 •OH。

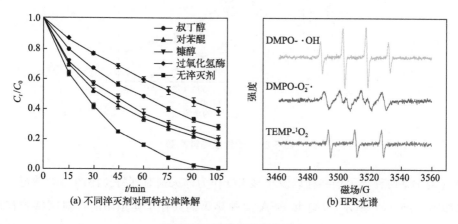

(a) 不同淬灭剂对阿特拉津降解　　(b) EPR光谱

图 5-24　活性氧物种鉴定

对上述三种活性氧物种的来源进行探究，结果如图 5-25 所示。当 TBA 与 CAT 两种淬灭剂同时加入反应体系中时［图 5-25（a）］，反应 105min 时的阿特拉津去除率为 67.4%，去除率介于单独使用 TBA 和 CAT 作为淬灭剂时的去除率之间，表明 •OH 主要来源于阴极负载的金属催化组分原位催化 H_2O_2。由图 5-25（b）可知，在未加淬灭剂的情况下，体系中持续鼓入 N_2，105min 时的阿特拉津去除率为 55.7%；鼓入 N_2 的同时加入 BQ，与只鼓入 N_2 的体系相比，阿特拉津去除没有进一步抑制，说明鼓入 N_2 的体系中没有生成 O_2^-•，这意味着 O_2^-• 主要是通过 O_2 单电子还原产生［式（5-6）］。为验证 $^1O_2$ 的来源，比较了

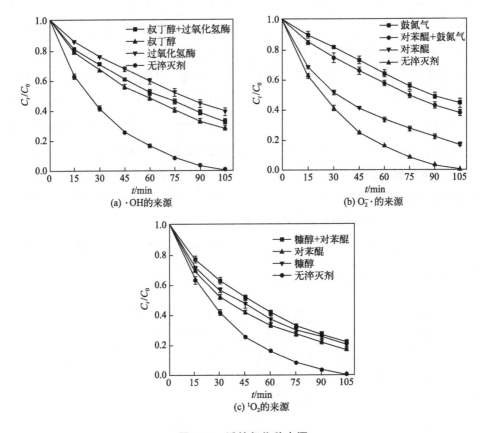

图 5-25   活性氧物种来源

FFA 与 BQ 两种淬灭剂共存以及单独 BQ 作为淬灭剂时阿特拉津的去除情况，结果如图 5-25（c）所示，BQ 和 FFA 两种淬灭剂共存于体系中时，对阿特拉津的抑制作用接近单独使用 BQ 作为淬灭剂时的抑制作用，表明 $O_2^-\cdot$ 是 $^1O_2$ 形成的前体，$^1O_2$ 来源于 $O_2^-\cdot$ 的重组 [式（5-7）]。

$$O_2 + e^- \longrightarrow O_2^-\cdot \tag{5-6}$$

$$O_2^-\cdot - e^- \longrightarrow {}^1O_2 \tag{5-7}$$

为进一步揭示电极表面发生的催化反应，研究了反应前和使用 CoFe@NC-CNTs/CNTs/NF 后的表面元素组成和价态的变化，结果如图 5-26 所示（书后另见彩图）。由图 5-26（a）可知，连续运行 8 个循环后元素的组成未发生明显变化，这也说明了复合阴极具有良好的稳定性。由图 5-26（b）可知，未使用复合阴极前的吡啶 N、石墨 N 和金属氮化物的相对含量分别为 44.5%、44.1% 和 11.4%，重复使用 8 次后的吡啶 N、石墨 N 和金属氮化物的相对含量分别为

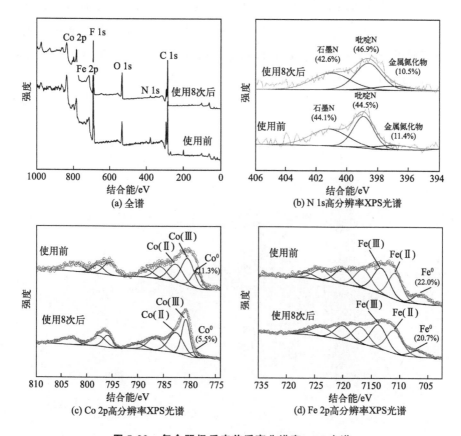

图 5-26　复合阴极反应前后高分辨率 XPS 光谱

46.9％、42.6％和10.5％，表明吡啶 N、石墨 N 和金属氮化物作为活性位点参与了类芬顿催化反应。图 5-26（c）和图 5-26（d）分别为复合阴极反应前后 Co 和 Fe 元素的高分辨率 XPS 光谱图，可知 Co^0 的比例从 11.3％下降到 5.5％，Fe^0 从 22.0％下降到 20.7％，表明在催化过程中零价金属逐渐转化为高价态金属。

　　基于上述结果，提出非均相 EF 体系中可能的催化降解机制，如图 5-27（书后另见彩图）所示。首先，溶解氧通过气-液-固三相界面扩散到复合阴极的表面和内部，发生氧的单电子还原生成 $O_2^-\cdot$，随后 $O_2^-\cdot$ 发生重组转化为 $^1O_2$（$O_2 \longrightarrow O_2^-\cdot \longrightarrow {}^1O_2$）。然后，体系中发生氧的二电子还原生成 H_2O_2，然后通过阴极负载的催化组分将 H_2O_2 原位活化产生 $\cdot OH$（$O_2 \longrightarrow H_2O_2 \longrightarrow \cdot OH$），具体发生的反应为，Fe（Ⅱ）和 Co（Ⅱ）将 H_2O_2 活化为 $\cdot OH$，同时低价态的金属被氧化为 Fe（Ⅲ）和 Co（Ⅲ），高价态的 Fe（Ⅲ）和 Co（Ⅲ）在电场作用下被还原转化为低价态的 Fe（Ⅱ）和 Co（Ⅱ）［式（5-8）］，打破了依

赖 H_2O_2 进行再生的限制[25]，在非均相 EF 体系中建立了两个协同催化循环，即 $Fe^0 \longrightarrow Fe(II) \rightleftharpoons Fe(III)$ 和 $Co^0 \longrightarrow Co(II) \rightleftharpoons Co(III)$。此外，阳极氧化也能降解部分阿特拉津。因此，体系中自由基途径（$O_2^- \cdot$ 和 $\cdot OH$）和非自由基途径（$^1O_2$）以及阳极氧化共同参与阿特拉津的降解。

$$Co^{3+}/Fe^{3+} + e^- \longrightarrow Co^{2+}/Fe^{2+} \qquad (5\text{-}8)$$

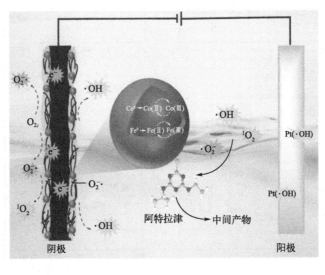

图 5-27　非均相 EF 体系的降解机理示意图

5.6　非均相 EF-PDS 复合体系降解性能研究

为进一步加快阿特拉津的去除，将 EF 技术与 PDS 结合构建 EF-PDS 复合体系用于阿特拉津的降解。CoFe@NC-CNTs/CNTs/NF 复合阴极作为双效催化电极，既能将产生的 H_2O_2 原位催化产生 $\cdot OH$，也可激活 PDS 产生活性氧物种。初步探究 EF-PDS 复合体系在不同实验条件（曝气量、PDS 投加量、电流密度、溶液初始 pH 值）下对阿特拉津降解的影响，并确定复合体系中活性氧物种的类型。

5.6.1　曝气量对处理效果的影响

本实验以 CoFe@NC-CNTs/CNTs/NF 为阴极构建 EF-PDS 复合体系，考察

了曝气量对阿特拉津降解的影响。实验条件设置如下：以 CoFe@NC-CNTs/CNTs/NF 为阴极、电流密度为 $6.0mA/cm^2$、溶液初始 pH 值为 5.9、阿特拉津浓度为 10mg/L、PDS 浓度为 0.5mmol/L。考察曝气量为 0.15L/min、0.3L/min、0.45L/min、0.6L/min 对阿特拉津降解的影响，同时设置曝气量为 0L/min 作为对照组，对照组不利用曝气装置为体系提供空气，但是反应装置仍与外界空气相通。由图 5-28（a）可知，在 EF-PDS 复合体系无外部曝气（0L/min）的条件下，反应 90min 时，阿特拉津的去除率为 86.4%，而在 5.5.1.1 部分中，EF 体系在无外部曝气（0L/min）的条件下，反应 90min 时的阿特拉津去除率为 63.6%，表明 PDS 的加入促进了阿特拉津的去除。当曝气量为 0.15L/min、0.3L/min 和 0.45L/min，反应 90min 时，阿特拉津的去除率分别为 95.1%、100% 和 100%，反应速率常数分别为 $0.032min^{-1}$、$0.040min^{-1}$ 和 $0.043min^{-1}$ [图 5-28（b）]，相较于 EF 体系中曝气量（0～0.6L/min）对阿特拉津的去除率的影响而言，EF-PDS 复合体系中的曝气量（0～0.45L/min）对阿特拉津去除的影响并非十分显著，这种现象可能是因为在 EF 体系中曝气量与 H_2O_2 的生成有关，改变曝气量可显著影响 •OH 的生成，但是在 EF-PDS 复合体系中，PDS 可经电活化和过渡金属活化产生活性氧物种，克服了因曝气量较小导致生成自由基较少的问题，从而保证阿特拉津的去除率维持在较高水平。当 EF-PDS 复合体系中曝气量为 0.6L/min，反应 90min 时，阿特拉津去除率为 93.5%，而在 EF 体系中，曝气量为 0.6L/min 时，相同时间内阿特拉津去除率为 96.9%。与 EF 体系相比，EF-PDS 复合体系中较大的曝气量不利于阿特拉津的去除，可能因为 EF-PDS 复合体系中较高的曝气量产生大量 H_2O_2 和 •OH，发生了自由基淬灭反应导致阿特拉津去除率降低。与 EF 体系相比，EF-PDS 复合体系实现 10mg/L

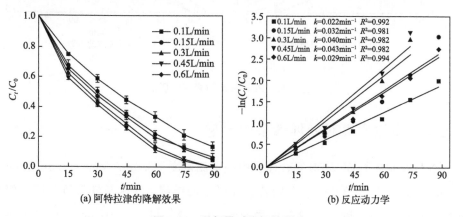

(a) 阿特拉津的降解效果　　(b) 反应动力学

图 5-28　曝气量对降解的影响

阿特拉津完全降解的用时更短，反应速率更快，所需曝气量更小。

5.6.2　PDS投加量对处理效果的影响

本实验考察了不同PDS投加量（0mmol/L、0.25mmol/L、0.5mmol/L、0.75mmol/L、1.0mmol/L）对阿特拉津降解的影响。实验条件设置如下：电流密度为6.0mA/cm²、溶液初始pH值为5.9、阿特拉津浓度为10mg/L、曝气量为0.3L/min。实验结果如图5-29所示。当PDS浓度为0mmol/L（即EF体系）、反应90min时，阿特拉津去除率为83.8%，反应速率常数为0.019min⁻¹。随着PDS浓度从0.25mmol/L增加到0.75mmol/L，阿特拉津的去除率增加。当PDS浓度为0.75mmol/L、反应75min时，阿特拉津去除率为100%，反应速率常数为0.044min⁻¹。继续增加PDS投加量，反应速率常数反而下降。上述现象可能是由于随着PDS浓度增加，体系中产生了$SO_4^-\cdot$，从而提高了阿特拉津的去除率；而当PDS浓度过量时，由于复合阴极的催化位点有限，限制了自由基的生成，同时发生自由基淬灭反应［式（5-9）］导致阿特拉津去除率降低。

$$SO_4^-\cdot + SO_4^-\cdot \longrightarrow S_2O_8^{2-} \tag{5-9}$$

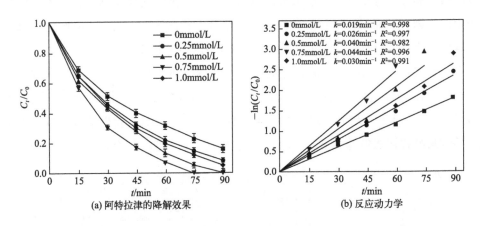

(a) 阿特拉津的降解效果　　(b) 反应动力学

图 5-29　PDS浓度对降解的影响

5.6.3　电流密度对处理效果的影响

本实验考察了EF-PDS复合体系中的电流密度（3.0mA/cm²、4.5mA/cm²、6.0mA/cm²、7.5mA/cm²）对阿特拉津降解的影响。实验条件设置如下：溶液初始pH值为5.9、阿特拉津浓度为10mg/L、曝气量为0.3L/min、PDS浓度为

0.75mmol/L。结果如图 5-30 所示。当电流密度从 3.0mA/cm² 增加到 4.5mA/cm² 时，阿特拉津的去除率也增加，当电流密度为 4.5mA/cm²、反应 60min 时，阿特拉津的去除率为 100%，反应速率常数为 0.053min⁻¹，可见随着电流密度的增加，体系中金属成分的循环、PDS 的电活化、H_2O_2 的电合成、活性氧物种的产生均增强。而当电流密度为 6.0mA/cm² 和 7.5mA/cm² 时，阿特拉津的去除率和反应速率常数均下降，这可能与高电流密度引发的竞争性副反应增强有关，如四电子氧还原反应［式（1-11）］、析氢反应［式（5-1）］等；也可能是高电流密度产生了大量自由基，引发了自由基间的淬灭［式（5-10）］[26]导致阿特拉津的去除率下降。因此，EF-PDS 复合体系中的最佳电流密度为 4.5mA/cm²。

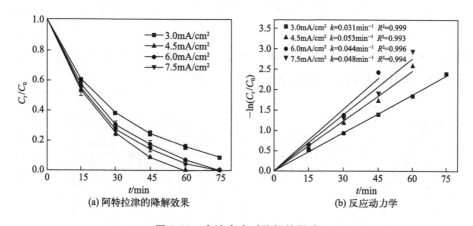

图 5-30　电流密度对降解的影响

$$\cdot OH + \cdot OH \longrightarrow H_2O_2 \tag{5-10}$$

以 CoFe@NC-CNTs/CNTs/NF 复合阴极构建的非均相 EF-PDS 复合体系优化了曝气量、PDS 投加量和电流密度，实现了阿特拉津的快速降解。在初始 pH 值为 5.9 的条件下，10mg/L 阿特拉津可在 60min 内实现完全去除，反应速率常数为 0.053min⁻¹，而非均相 EF 体系在最佳条件下完全去除阿特拉津用时 105min 且反应速率常数为 0.037min⁻¹，可见非均相 EF-PDS 复合体系在降解阿特拉津方面更为高效。本实验还评估了最佳降解条件下非均相 EF 体系和非均相 EF-PDS 复合体系的电能消耗，阿特拉津在非均相 EF 体系和非均相 EF-PDS 复合体系中实现完全降解所消耗的电能分别为 1021.167J 和 537.030J，EF 体系实现阿特拉津降解的总能耗约为 EF-PDS 体系的 1.9 倍。此外，EF 体系的曝气时长是 EF-PDS 复合体系曝气时长的近 2 倍，也就是说 EF 体系中的曝气能耗为 EF-PDS 复合体系中曝气能耗的近 2 倍，因此，非均相 EF-PDS 复合体系实现阿特拉津的完全去除所需的电能消耗和曝气能耗均大大减少。

5.6.4 溶液初始 pH 值对处理效果的影响

本实验考察了 EF-PDS 复合体系中溶液初始 pH 值（3.0、4.5、5.9、7.0 和 9.0）对阿特拉津降解的影响。实验条件设置如下：阿特拉津浓度为 10mg/L、曝气量为 0.3L/min、PDS 浓度为 0.75mmol/L、电流密度为 4.5mA/cm²。实验结果如图 5-31 所示。EF-PDS 复合体系在宽 pH 值范围（3.0～9.0）内均实现了阿特拉津的高效降解，溶液初始 pH 值为 4.5～9.0 时，阿特拉津的去除率和反应速率常数变化不大，即便在初始 pH 值为 9.0 的条件下，反应 60min 时的阿特拉津去除率也为 95.4%。而在非均相 EF 体系中（5.5.1.3 部分），初始 pH 值升高到 9.0，反应 60min 和 105min 时的阿特拉津去除率分别为 72.3% 和 92.6%。可见，EF-PDS 复合体系与 EF 体系相比，进一步拓宽了 CoFe@NC-CNTs/CNTs/NF 复合阴极的 pH 值适用范围。

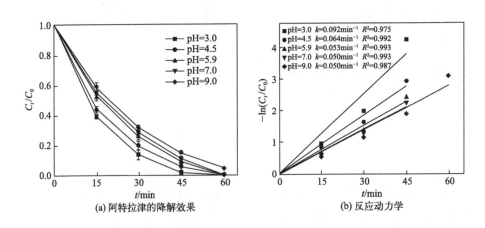

图 5-31   溶液初始 pH 值对降解的影响

5.6.5 非均相 EF-PDS 复合体系活性氧物种的鉴定

进行淬灭实验以鉴定 EF-PDS 复合体系中活性氧物种的类型。5.5.3 部分测定 EF 体系中存在 $^1O_2$ 时用到了淬灭剂 FFA，据报道低浓度 PDS 与 FFA 会直接发生反应从而导致氧化剂的消耗[27]，因此在 EF-PDS 复合体系中采用 β-胡萝卜素作为 $^1O_2$ 的捕获剂 [k（$^1O_2$，β-胡萝卜素）= 2.0×10^{10}～3.0×10^{10}L/（mol·s）]。实验条件设置如下：溶液初始 pH 值为 5.9、阿特拉津浓度为 10mg/L、曝气量为 0.3L/min、PDS 浓度为 0.75mmol/L、电流密度为 4.5mA/cm^2。不同淬灭剂对阿特拉津降解的影响如图 5-32 所示。

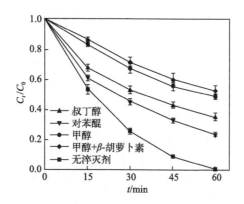

图 5-32　不同淬灭剂对非均相 EF-PDS 复合体系阿特拉津降解的影响

由图 5-32 可知，当加入 BQ、TBA、MeOH 后，反应 60min 时阿特拉津的去除率分别为 76.8%、65.0% 和 51.6%。从阿特拉津的去除率来看，MeOH 对阿特拉津降解的抑制程度大于 TBA 对阿特拉津降解的抑制程度，说明 MeOH 在捕获 ·OH 的同时也淬灭了 SO_4^-·，表明 EF-PDS 复合体系中生成了 O_2^-·、·OH 和 SO_4^-·。MeOH 与 β-胡萝卜素两种氧化剂共存于体系中，反应 60min 时，阿特拉津的去除率为 47.8%，去除率低于单独的 MeOH 体系（51.6%），表明体系中产生了少量的 $^1O_2$。从阿特拉津的去除率来看，四种活性氧物种对阿特拉津降解的贡献依次为 ·OH>O_2^-·>SO_4^-·>$^1O_2$。

5.7　非均相 EF-PDS 复合体系在不同实际水体中的应用研究

本实验考察了以 CoFe@NC-CNTs/CNTs/NF 为复合阴极构建的非均相 EF-PDS 复合体系在不同实际水体中降解阿特拉津的能力，如图 5-33 所示。从图中可知，以不同实际水体为背景溶液，阿特拉津的去除率由高到低依次为自来水、河水、湖水、生活污水。生活污水因含有大量的有机物、无机离子，与目标污染物竞争活性氧物种，并且其中存在大量的悬浮物可能附着在阴极表面，抑制了电极的催化能力，从而导致阿特拉津的去除率较低，反应 30min 的去除率约为 60%。以自来水和河水为背景基质时，阿特拉津的去除率较高。整体来看，非均相 EF-PDS 复合体系在不同实际水体中对阿特拉津表现出良好的降解性能。

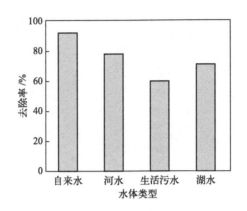

图 5-33   不同实际水体中阿特拉津的降解情况

5.8   非均相 EF-PDS 复合体系降解不同污染物的适用性研究

为探究 CoFe@NC-CNTs/CNTs/NF 复合阴极的普遍适用性，不仅有必要考察不同水体中阿特拉津的降解，而且有必要考察其他有机污染物的去除情况。结果如图 5-34 所示，非均相 EF-PDS 复合体系对不同类型及官能团的难降解有机污染物均表现出出色的去除效果，其中磷酸氯喹、磺胺二甲嘧啶、磺胺甲噁唑及阿替洛尔在反应进行 60min 时的去除率均为 100%，实现完全去除；敌草隆和阿莫西林的去除率也在 95% 以上，表明以 CoFe@NC-CNTs/CNTs/NF 为复合阴极构建的非均相 EF-PDS 复合体系具有良好的适用性。

综上所述，本章将催化剂负载在阴极上制备 CoFe@NC-CNTs/CNTs/NF 双功能复合阴极，并构建非均相 EF 体系降解阿特拉津，对复合阴极的制备条件和反应条件进行优化，考察了复合阴极的稳定性，对非均相 EF 体系的活性氧物种类型及催化反应机制进行分析。为进一步加快阿特拉津去除，将非均相 EF 技术与 PDS 技术相结合构建 EF-PDS 复合体系，考察不同反应条件对阿特拉津降解的影响并确定了非均相 EF-PDS 复合体系中活性氧物种的类型。主要结论如下。

① NF 骨架被 CNTs 完全覆盖，CNTs 的负载增加了电极表面的粗糙度，为二

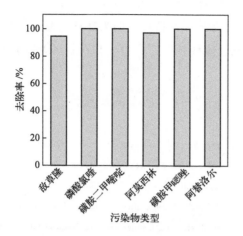

图 5-34　不同有机污染物的降解情况

电子氧还原提供了活性位点；CNTs/NF 电极存在微孔和中孔结构，比表面积比 NF 电极增大了 4 倍；与 NF 相比，CNTs/NF 的接触角增加，疏水性的增加有助于减缓电极在反应和曝气过程中的电润湿。以 CNTs/NF 为阴极，在最佳条件下，反应 120min 时的 H_2O_2 浓度及电流效率分别为 10.37 mmol/L 和 57.9%。

② CoFe@NC 纳米颗粒锚定在 CNTs 的缺陷位点上，CoFe@NC 具有明显的"核壳"结构，催化组分被封装在厚度为 3.5～14.9nm 的石墨碳壳中。以 CoFe@NC-CNTs/CNTs/NF 为阴极构建的非均相 EF 体系在最佳降解条件下，反应 105min 时 10mg/L 的阿特拉津实现完全去除，反应速率常数为 $0.037min^{-1}$。在宽 pH 值范围（3.0～9.0）内对阿特拉津的降解取得了良好的效果，阿特拉津去除率在 92.6% 以上。

③ CoFe@NC-CNTs/CNTs/NF 复合阴极在重复八次时的阿特拉津去除率仍保持在 90.2%。良好的稳定性归因于体系建立了金属循环，PTFE 减缓了电解液对电极表面及内部的电润湿，并减少了金属离子浸出。

④ 非均相 EF 体系中的活性氧物种类型为 $\cdot OH$、$O_2^- \cdot$ 和 $^1O_2$。$\cdot OH$ 主要由催化组分原位催化 H_2O_2 转化而来，$O_2^- \cdot$ 主要通过 O_2 单电子还原产生，$^1O_2$ 来源于 $O_2^- \cdot$ 的重组。在非均相 EF 体系中建立了两个协同催化循环，即 $Fe^0 \longrightarrow Fe(II) \Longrightarrow Fe(III)$ 和 $Co^0 \longrightarrow Co(II) \Longrightarrow Co(III)$。

⑤ 以 CoFe@NC-CNTs/CNTs/NF 作为双效催化电极，构建非均相 EF-PDS 复合体系，在最佳降解条件下，反应 60min 时，阿特拉津的去除率为 100%，反应速率常数为 $0.053min^{-1}$；非均相 EF-PDS 复合体系在宽 pH 值范围（3.0～9.0）内，

反应 60min 时的阿特拉津去除率在 95.4% 以上。与非均相 EF 体系相比，非均相 EF-PDS 复合体系进一步加快了阿特拉津的去除并拓宽了复合阴极的 pH 值适用范围。非均相 EF-PDS 复合体系中产生了 $^1O_2$、$O_2^-\cdot$、$\cdot OH$ 和 $SO_4^-\cdot$。

参考文献

[1] Zhang J J, Leung P K, Qiao F, et al. Balancing the electron conduction and mass transfer: Effect of nickel foam thickness on the performance of an alkaline direct ethanol fuel cell (ADEFC) with 3D porous anode [J]. International Journal of Hydrogen Energy, 2020, 45 (38): 19801-19812.

[2] Lu J, Liu X C, Chen Q Y, et al. Coupling effect of nitrogen-doped carbon black and carbon nanotube in assembly gas diffusion electrode for H_2O_2 electro-generation and recalcitrant pollutant degradation [J]. Separation and Purification Technology, 2021, 265: 118493.

[3] 段平洲. 碳纳米管复合电极的制备及其电催化降解头孢类抗生素的研究 [D]. 北京：北京化工大学, 2019.

[4] Perez J F, Llanos J, Saez C, et al. Towards the scale up of a pressurized-jet microfluidic flow-through reactor for cost-effective electro-generation of H_2O_2 [J]. Journal of Cleaner Production, 2019, 211: 1259-1267.

[5] Zhou W, Meng X, Gao J, et al. Janus graphite felt cathode dramatically enhance the H_2O_2 yield from O_2 electroreduction by the hydrophilicity-hydrophobicity regulation [J]. Chemosphere, 2021, 278: 130382.

[6] Kim T H, Yi J Y, Jung C Y, et al. Solvent effect on the nafion agglomerate morphology in the catalyst layer of the proton exchange membrane fuel cells [J]. International Journal of Hydrogen Energy, 2017, 42 (1): 478-485.

[7] Cui L, Li Z, Li Q, et al. $Cu/CuFe_2O_4$ integrated graphite felt as a stable bifunctional cathode for high-performance heterogeneous electro-Fenton oxidation [J]. Chemical Engineering Journal, 2021, 420: 127666.

[8] Hao Y R, Xue H, Lv L, et al. Unraveling the synergistic effect of defects and interfacial electronic structure modulation of pealike $CoFe@Fe_3N$ to achieve superior oxygen reduction performance [J]. Applied Catalysis B: Environmental, 2021, 295: 120314.

[9] Zhou Y B, Zhang Y L, Hu X M. Novel zero-valent Co-Fe encapsulated in nitrogen-doped porous carbon nanocomposites derived from $CoFe_2O_4@ZIF-67$ for boosting 4-chlorophenol removal via coupling peroxymonosulfate [J]. Journal of Colloid and Interface Science, 2020, 575: 206-219.

[10] Malik M I, Malaibari Z O, Atieh M, et al. Electrochemical reduction of CO_2 to methanol over MWCNTs impregnated with Cu_2O [J]. Chemical Engineering Science, 2016, 152: 468-477.

[11] Nardi J A, Strauss J A, Fardo F M, et al. Wettability and anticorrosion of thin PTFE-like/alumina coatings on carbon steel [J]. Progress in Organic Coatings, 2020, 148: 105823.

[12] Wang Y, Gao C Y, Zhang Y Z, et al. Bimetal-organic framework derived CoFe/NC porous hybrid nanorods as high-performance persulfate activators for bisphenol a degradation [J]. Chemical Engineering Journal, 2021, 421: 127800.

[13] An L, Jiang N, Li B, et al. Highly active and durable iron-cobalt alloy catalyst encapsulated in N-doped graphitic carbon nanotubes for oxygen reduction reaction by nanofiberous dicyandiamine template [J]. Journal of Materials Chemistry A, 2018, 6: 5962-5970.

[14] Yao Y J, Chen H, Qin J C, et al. Iron encapsulated in boron and nitrogen codoped carbon nanotubes as synergistic catalysts for Fenton-like reaction [J]. Water Research, 2016, 101: 281-291.

[15] Yao Y J, Chen H, Lian C, et al. Fe, Co, Ni nanocrystals encapsulated in nitrogen-doped carbon nanotubes as Fenton-like catalysts for organic pollutant removal [J]. Journal of Hazardous Materials, 2016, 314: 129-139.

[16] Wang L, Wen B, Yang H B, et al. Hierarchical nest-like structure of Co/Fe MOF derived CoFe@C composite as wide-bandwidth microwave absorber [J]. Composites Part A: Applied Science and Manufacturing, 2020, 135: 105958.

[17] Qi W T, Wu W J, Cao B Q, et al. Fabrication of CoFe/N-doped mesoporous carbon hybrids from Prussian blue analogous as high performance cathodes for lithium-sulfur batteries [J]. International Journal of Hydrogen Energy, 2019, 44 (36): 20257-20266.

[18] Li M, Qin X, Gao M, et al. Graphitic carbon nitride and carbon nanotubes modified active carbon fiber cathode with enhanced H_2O_2 production and recycle of Fe^{3+}/Fe^{2+} for electro-Fenton treatment of landfill leachate concentrate [J]. Environmental Science-Nano, 2022, 9 (2): 632-652.

[19] He H H, Jiang B, Yuan J J, et al. Cost-effective electrogeneration of H_2O_2 utilizing HNO_3 modified graphite/polytetrafluoroethylene cathode with exterior hydrophobic film [J]. Journal of Colloid and Interface Science, 2019, 533: 471-480.

[20] Cui L L, Huang H H, Ding P P, et al. Cogeneration of H_2O_2 and ·OH via a novel Fe_3O_4/MWCNTs composite cathode in a dual-compartment electro-Fenton membrane reactor [J]. Separation and Purification Technology, 2020, 237: 116380.

[21] Ganiyu S O, Huong Le T X, Bechelany M, et al. Electrochemical mineralization of sulfamethoxazole over wide pH range using $Fe^{II}Fe^{III}$ LDH modified carbon felt cathode: Degradation pathway, toxicity and reusability of the modified cathode [J]. Chemical Engineering Journal, 2018, 350: 844-855.

[22] Luo T, Feng H, Tang L, et al. Efficient degradation of tetracycline by heterogeneous electro-Fenton process using Cu-doped $Fe@Fe_2O_3$: Mechanism and degradation pathway [J]. Chemical Engineering Journal, 2020, 382: 122970.

[23] Cheng S, Shen C, Zheng H, et al. OCNTs encapsulating Fe-Co PBA as efficient chainmail-like electrocatalyst for enhanced heterogeneous electro-Fenton reaction [J]. Applied Catalysis B: Environmental, 2020, 269: 118785.

[24] Wu Z, Tong Z, Xie Y, et al. Efficient degradation of tetracycline by persulfate activation with Fe, Co and O co-doped g-C_3N_4: Performance, mechanism and toxicity [J]. Chemical Engineering Journal, 2022, 434: 134732.

[25] Hong P, Li Y, He J, et al. Rapid degradation of aqueous doxycycline by surface $CoFe_2O_4/H_2O_2$ system: Behaviors, mechanisms, pathways and DFT calculation [J]. Applied Surface Science, 2020, 526: 146557.

[26] Rodrigues A S, Souiad F, Fernandes A, et al. Treatment of fruit processing wastewater by electrochemi-

cal and activated persulfate processes：Toxicological and energetic evaluation ［J］. Environmental Research，2022，209：112868.

［27］ Luo R，Li M Q，Wang C H，et al. Singlet oxygen-dominated non-radical oxidation process for efficient degradation of bisphenol A under high salinity condition ［J］. Water Research，2019，148：416-424.

第6章

铜铁基活性炭
纤维复合阴极

为了将 $CuFe_2O_4$ 引到 ACF 上，目前的研究已提出多种方式，如在铁铜离子溶液中浸渍并煅烧固化、使用共沉淀法将化合物负载到 ACF 上或使用溶胶凝胶法在制备过程中将金属化合物负载到 ACF 上再进行煅烧固化等。然而，为了更好地控制负载到活性炭纤维上的铁和铜的量，保持电极的稳定性，本工作采用 PTFE 作为黏合剂以水浴振荡的方式将 $CuFe_2O_4$ 引到活性炭纤维上。Cu 和 Fe 本身可以与 PDS 发生反应，产生活性氧物种，同时 PDS 会水解产生 HSO_5^-，还原生成的高价 Fe^{3+} 和 Cu^{2+}，在电场作用下向阴极扩散发生还原反应，金属离子价态发生变化，过渡金属负载到电极上也会与电活化产生协同效应，加强 PDS 的活化效果。

6.1 铜铁基活性炭纤维复合阴极的制备

6.1.1 $CuFe_2O_4$@ACF 电极的制备

首先，将六水合硝酸铜 $[Cu(NO_3)_2 \cdot 6H_2O]$、九水合硝酸铁 $[Fe(NO_3)_3 \cdot 9H_2O]$ 和柠檬酸以 1:2:3.6 的比例充分研磨 30min；然后加入 9mL 乙二醇，将溶胶液转移到烧杯中，在 75℃ 水浴中搅拌 30min，静置 2h；其后将其在 120℃ 烘箱中干燥；最后将烘干的溶胶液在 360℃ 下煅烧 1h，取出后用去离子水反复冲洗 3～4 次，烘干备用。将一定量去除杂质的 $CuFe_2O_4$ 置于烧杯中，加入 30mL 超纯水；然后加入适量的 60% PTFE 乳液，用玻璃棒搅拌均匀后在常温下超声分散 10min，使之充分混合；再将酸处理过的活性炭纤维置于混合溶液中，再振荡一定时间；然后将活性炭纤维从混合溶液中取出，在 120℃ 下干燥 8h，即得到 $CuFe_2O_4$@ACF 复合阴极。

6.1.2 $CuFe_2O_4$@ACF 电极制备条件的优化

6.1.2.1 $CuFe_2O_4$ 负载量对电极的影响

将不同 $CuFe_2O_4$ 负载量的电极在相同条件下进行阿特拉津降解实验，探究 $CuFe_2O_4$ 负载量对电极的影响。实验条件为阿特拉津初始浓度为 20mg/L、pH 值为 6.7、电流密度为 9mA/cm²、过硫酸盐浓度为 1mmol/L、电解液均为 0.05mmol/L Na_2SO_4 溶液、反应时间为 90min，结果如图 6-1 所示。随着加入

$CuFe_2O_4$ 负载量的增加,阿特拉津的去除率呈先增大后减小的趋势,过多的 $CuFe_2O_4$ 反而会降低阿特拉津的去除率,当加入 0.1g $CuFe_2O_4$ 时制备得到的复合阴极对阿特拉津的降解率达到最高,在 60min 时去除率几乎达到了 100%;随着 $CuFe_2O_4$ 继续加入,降解效果变差,这可能是因为引入了过多的铜、铁离子,与溶液中的 PDS 反应产生 $SO_4^-\cdot$,过多的 $SO_4^-\cdot$ 会相互淬灭,而且过多的铜、铁离子也会竞争电子,影响电活化 PDS。

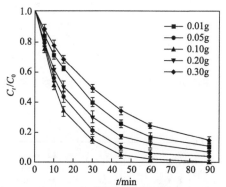

图 6-1　$CuFe_2O_4$ 负载量对阿特拉津降解的影响

6.1.2.2　PTFE 的量对电极的影响

本实验研究了电极制备时加入 PTFE 的量对复合电极降解阿特拉津的影响,结果如图 6-2 所示。当加入 0.02g PTFE 时阿特拉津的降解效果最好,在 60min 时比不加入 PTFE 时的阿特拉津的降解率提高了约 10%,这可能是因为没有 PTFE 的黏结作用,在清洗、干燥等过程中会损失大量的 $CuFe_2O_4$,影响其降解效果。而降解效果随着加入 PTFE 量的增加而变差,这可能是因为 PTFE 是一种疏水膜,而 $CuFe_2O_4$@ACF 复合阴极活化过硫酸盐是在 ACF 的表面发生反应的,电极表面包了一层疏水膜会影响表面的碳纤维结构与 PDS 发生反应产生 $SO_4^-\cdot$[1]。

6.1.2.3　振荡时间对电极的影响

电极制备过程中振荡时间对复合电极的性能可能有影响,利用不同振荡时间下制备的电极在相同条件下降解阿特拉津,结果如图 6-3 所示。可以看出不同的水浴振荡时间对阿特拉津降解率的影响,当振荡时间为 15min 时阿特拉津的降解效果最好,过长的振荡时间会使活性炭纤维上负载过多的 $CuFe_2O_4$,而且长时间的碰撞会损坏活性炭纤维的内部结构,影响其与硫酸根自由基反应;过短的振荡时间则会使活性炭纤维上负载的 $CuFe_2O_4$ 的量不够,产生的活性氧物种较少。

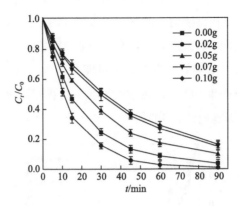

图 6-2　不同 PTFE 的量修饰电极对阿特拉津降解的影响

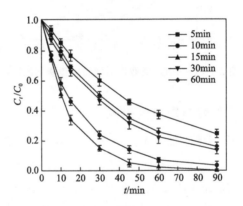

图 6-3　不同振荡时间制备的电极对阿特拉津降解的影响

6.2　CuFe$_2$O$_4$@ACF 电极的表征

6.2.1　表面形貌表征

为了观察 CuFe$_2$O$_4$@ACF 复合阴极的表面结构，对样品进行了 SEM 表征，结果如图 6-4 所示，通过比较 ACF 修饰前后的表面形貌可以清楚地看到 CuFe$_2$O$_4$ 负载到 ACF 上，表明以水浴振荡的方式制备复合阴极是可行的。

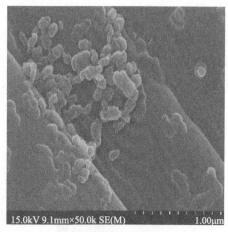

(a) 负载CuFe₂O₄前　　　　　　　　　　(b) 负载CuFe₂O₄后

图 6-4　ACF 负载 CuFe₂O₄ 前后的 SEM 图

6.2.2　元素组成分析

为了探究 $CuFe_2O_4$@ACF 复合阴极中 Fe、Cu 的结合情况，对样品进行了 XPS 表征，如图 6-5 所示，可以看出 $CuFe_2O_4$@ACF 电极上存在的主要元素有 C、O、Fe、Cu、F，F 元素主要来自 PTFE。

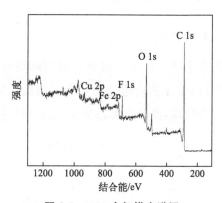

图 6-5　XPS 全扫描光谱图

6.3　铜铁基活性炭纤维复合阴极电活化 PDS 性能测试

本研究中降解实验在单室圆柱形反应器中进行，电解液为 50mmol/L Na_2SO_4

溶液，污染物初始浓度为10mg/L。在两电极体系的恒电流模式下进行反应，Pt片和复合电极分别用作阳极和阴极，阴阳极竖直平行放置，且极板间距为3cm，反应过程中的温度控制在25℃，转速为400r/min。在通电的同时加入一定浓度PDS引发催化降解反应。实验装置如图6-6所示。

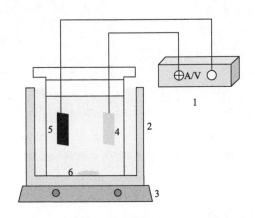

图 6-6　反应装置图

1—恒压恒流电源；2—水浴锅；3—磁力搅拌器；4—阳极；5—阴极；6—磁力搅拌转子

6.3.1　不同因素对处理效果的影响

6.3.1.1　电流密度的影响

以 $CuFe_2O_4$@ACF 为阴极，探究了电流密度对阿特拉津降解的影响，结果如图6-7所示。从图中可以看出随着电流的增大，阿特拉津的降解率逐渐提高，当电流密度为9mA/cm²时阿特拉津的降解率在60min时达到90%以上，可能是

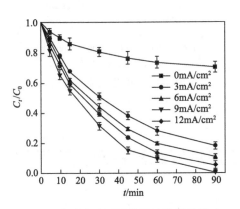

图 6-7　电流密度对阿特拉津降解的影响

电极上负载的铜、铁离子起到了活化 PDS 的作用，继续增大电流密度，阿特拉津的降解率反而降低，电流密度过大时，会使 ACF 电极的电催化性能降低，施加过大的外加电流使得阴极上的 H^+ 与 $S_2O_8^{2-}$ 竞争电子，减少了 $SO_4^-\cdot$ 的产生。

6.3.1.2　PDS 投加量的影响

本实验探究了在 $CuFe_2O_4$@ACF 复合阴极电化学活化 PDS 体系中氧化剂浓度对阿特拉津降解的影响，结果如图 6-8 所示。阿特拉津的去除率随着 PDS 浓度的增加呈现先增大后减小的趋势，当 PDS 浓度为 0.50mmol/L 时，阿特拉津的降解率达到了最大，电极上负载的金属氧化物 $CuFe_2O_4$ 与 PDS 发生反应，产生了更多的活性氧物种，继续增大 PDS 的量，阿特拉津的去除率并没有提高，增加到 1.00mmol/L 时，阿特拉津的降解率低于 90%，过多的 $S_2O_8^{2-}$ 与 $SO_4^-\cdot$ 发生反应，影响了阿特拉津的降解。

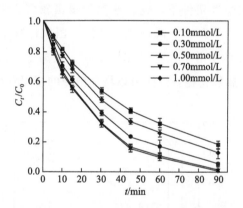

图 6-8　PDS 浓度对阿特拉津降解的影响

6.3.1.3　pH 值的影响

本实验探究了在 $CuFe_2O_4$@ACF 阴极电化学活化体系中 pH 值对阿特拉津降解的影响，考察了在不同的 pH 值下阿特拉津的降解情况，结果如图 6-9 所示。从图 6-9 中可以看出，在酸性条件（pH＝3）和近中性条件（pH＝6.7）下，90min 时阿特拉津的去除率均为 100%，这是由于 PDS 的水解会降低溶液整体 pH 值，而铜、铁离子的加入并没有受到 pH 值的影响。但是在碱性条件（pH＝11）下，阿特拉津的去除率出现了急剧的下降，在 90min 时阿特拉津的去除率只有 77%，在碱性条件下，刚开始产生的 $SO_4^-\cdot$ 会与 OH^- 反应生成 $\cdot OH$，消耗溶液中的 OH^-，使溶液的 pH 值降低。此外，还检测了在不同 pH 值下反应后溶

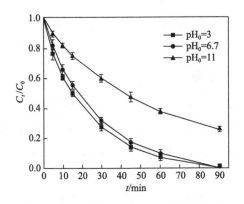

图 6-9　pH 值对阿特拉津降解的影响

液中铜、铁离子的浓度。如图 6-10 所示，分别是不同 pH 值下反应后溶液中的铜、铁离子浓度。在酸性条件下，铜、铁离子浸出较多，溶液中铜离子浓度为 0.409mg/L，铁离子浓度为 0.164mg/L，均低于国家标准中规定的限值 1mg/L 和 0.3mg/L，这有可能是由于在电场作用下铜、铁离子再次发生氧化还原反应重新在电极上形成金属氧化物，这样可以增加电极的使用寿命。

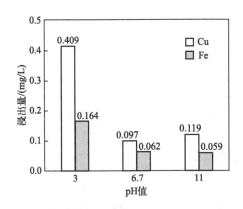

图 6-10　不同 pH 值下反应后溶液中的 Fe、Cu 离子浓度

6.3.1.4　温度的影响

本实验考察了不同温度下阿特拉津的降解情况，如图 6-11 所示。随着反应温度的升高，实现阿特拉津完全去除用时缩短，可见阿特拉津的去除率与温度呈正相关，升高温度有利于 PDS 的活化，也可以提高溶液中物质和电极之间的传质效率。

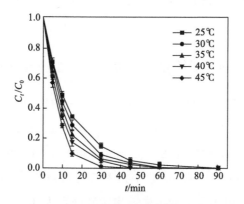

图 6-11　温度对阿特拉津降解的影响

6.3.2　矿化度测试

总有机碳是指水体中溶解性和悬浮性有机物含碳的总量。水中有机物的种类很多，除含碳外，还含有氢、氮、硫等元素，目前还不能全部进行分离鉴定，常以总有机碳表示。总有机碳是一个快速检定的综合指标，以碳的数量表示水中有机物的总量，可更全面地评价水体受有机物污染的程度。本实验探究了 $CuFe_2O_4$ @ACF 复合阴极在电活化 PDS 体系中对阿特拉津的矿化程度，结果如图 6-12 所示。

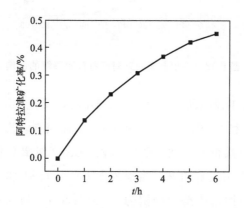

图 6-12　$CuFe_2O_4$ @ACF 复合阴极降解阿特拉津时总有机碳的变化

从图 6-12 可知，$CuFe_2O_4$ @ACF 复合阴极在电活化 PDS 体系中对阿特拉津 TOC 的矿化速率呈现先快后慢的趋势，反应进行到 6 h 时矿化率达到了 45.3%，这可能是由于 Fe、Cu 金属离子的引入提高了阿特拉津的矿化率，同时也增加了中间产物的降解程度。

6.3.3　CuFe$_2$O$_4$@ACF 复合阴极电活化 PDS 体系催化机理探究

乙醇（EA）与 TBA 被认为是 ·OH 和 SO$_4^-$· 的捕获剂，由于醇类本身结构中含有 α-H 键，能够与 SO$_4^-$· 和 ·OH 发生快速反应。EA 与 ·OH 和 SO$_4^-$· 的反应速率常数分别为 $1.2×10^9 \sim 2.8×10^9 \, min^{-1}$ 和 $1.6×10^7 \sim 7.7×10^7 \, min^{-1}$，EA 与 ·OH 的反应速率和 SO$_4^-$· 反应速率差不多，可以作为 ·OH 和 SO$_4^-$· 的捕获剂。而 TBA 与 ·OH 和 SO$_4^-$· 的反应速率常数分别为 $3.8×10^8 \sim 7.6×10^8 \, min^{-1}$ 和 $4×10^5 \sim 9.1×10^5 \, min^{-1}$，TBA 与 ·OH 的反应速率要比 SO$_4^-$· 快很多，因此 TBA 可以作为 ·OH 的捕获剂。本研究向体系中加入不同量的 EA 和 TBA，测定在加入醇类后阿特拉津的降解情况，结果如图 6-13 所示。

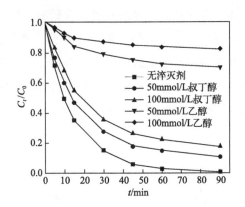

图 6-13　自由基捕获剂对阿特拉津降解的影响

当加入 50mmol/L 和 100mmol/L 的 TBA 时，反应 90min 时阿特拉津的降解率分别为 90.16% 和 83.2%，TBA 是 ·OH 的捕获剂，当加入 TBA 时阿特拉津的降解率并没有降低很多，这说明电活化 PDS 高级氧化体系中 ·OH 的量很少，并不是起主要作用的自由基。当加入 50mmol/L 和 100mmol/L 的 EA 时，反应 90min 时阿特拉津的降解率分别为 30.61% 和 18.94%，EA 可以同时捕获 ·OH 和 SO$_4^-$·，加入 EA 后阿特拉津的降解率出现了大幅下降，这说明体系中大量的自由基被捕获，由于体系中 ·OH 的生成量很少，所以在电活化 PDS 高级氧化体系中起主要作用的活性氧物种是 SO$_4^-$·。

6.3.4　CuFe₂O₄@ACF 电极重复稳定性测试

在电化学活化 PDS 高级氧化体系中，电极的重复稳定性是评价电极的一项重要因素，良好的电极应具备持久性和耐用性。本实验探究了 CuFe₂O₄@ACF 电极的持久性，结果如图 6-14 所示。在电化学活化 PDS 高级氧化体系中，CuFe₂O₄@ACF 电极连续使用 5 次后，对阿特拉津的去除率仍在 90％以上，对 PDS 仍有较好的活化效果，产生较多的活性氧物种。对反应 5 次后的电极进行了 SEM 表征，图 6-15（a）为反应前的电镜扫描图，图 6-15（b）为反应 5 次后的电镜扫描图，通过对比可发现反应前后 CuFe₂O₄@ACF 电极并没有发生很大的变化，金属氧化物仍然存在，经过多次反应后阿特拉津的去除率略有下降可能是因为 ACF 表面官能团发生了变化，一定程度上降低了对 ACF 的催化活性，但仍能较好地降解阿特拉津，金属氧化物的引入也起到了关键作用。

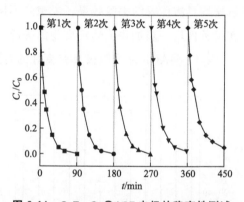

图 6-14　CuFe₂O₄@ACF 电极的稳定性测试

(a) 反应前的SEM图

(b) 反应5次后的SEM图

图 6-15　CuFe₂O₄@ACF 电极反应 5 次前后的 SEM 图

6.4　铜铁基活性炭纤维复合阴极降解不同污染物的适用性研究

　　为探究 $CuFe_2O_4$@ACF 复合阴极的普遍适用性，以典型农药类污染物敌草隆和医药类污染物阿莫西林、阿替洛尔、磺胺甲噁唑、磺胺二甲嘧啶、磷酸氯喹作为目标污染物，探究 $CuFe_2O_4$@ACF 复合阴极降解不同有机污染物的适用性。由图 6-16 可知，上述 6 种污染物均实现了高效去除，其中，农药类有机污染物敌草隆，药物类有机污染物磷酸氯喹、磺胺二甲嘧啶和阿替洛尔均实现了完全去除，磺胺甲噁唑和阿莫西林的去除率也在 97.0％以上。可见，以 $CuFe_2O_4$@ACF 复合阴极构建的电活化 PDS 体系对敌草隆、阿莫西林、阿替洛尔、磺胺甲噁唑、磺胺二甲嘧啶、磷酸氯喹均具有优异的去除效果。考虑到不同污染物的性质及结构差异，可通过优化实验条件进一步加快上述污染物的去除。通过考察不同污染物的降解情况证明了 $CuFe_2O_4$@ACF 复合阴极具有良好的普遍适用性。

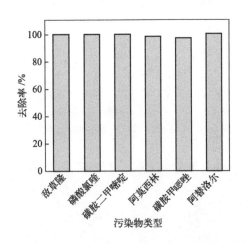

图 6-16　$CuFe_2O_4$@ACF 复合阴极对不同污染物的降解情况

　　综上所述，本章工作在 ACF 的基础上通过水浴振荡的方式成功负载金属氧化物 $CuFe_2O_4$，制备得到 $CuFe_2O_4$@ACF 复合电极，得出以下结论。

　　① 以单因素实验探讨电极制备过程中 $CuFe_2O_4$ 负载量、PTFE 的量和振荡时间对电极的影响，得出最佳制备条件：$CuFe_2O_4$ 负载量为 0.1g、PTFE 的量为 0.02g、振荡时间为 15min。用 SEM 和 XPS 对 $CuFe_2O_4$@ACF 复合电极进行

表征，表征结果显示活性炭纤维电极表面负载了许多颗粒状 $CuFe_2O_4$，结构中同时存在 Fe（Ⅱ）、Fe（Ⅲ）、Cu（Ⅱ），对反应有良好的催化效果。

② 对 $CuFe_2O_4$@ACF 复合电极在电活化过硫酸盐的高级氧化体系中降解阿特拉津进行了研究，考察了不同的实验参数对阿特拉津降解的影响。实验结果表明，当反应温度为 25℃、pH 值为 6.7、过硫酸盐初始浓度为 0.05mmol/L、电流密度为 9mA/cm^2 时，反应 90min 时阿特拉津可完全降解。反应 6h 时，TOC 的矿化率达到了 45.3%。

③ 以叔丁醇作为 •OH 的捕获剂，乙醇作为 •OH 和 SO_4^-• 的捕获剂，探究了 $CuFe_2O_4$@ACF 复合电极作为阴极的电活化过硫酸盐的高级氧化体系中的自由基种类。加入 50mmol/L 和 100mmol/L 的叔丁醇后，阿特拉津的降解率并没有发生明显变化，然而加入 50mmol/L 和 100mmol/L 乙醇后，阿特拉津的降解率大幅下降，因此，在电活化过硫酸盐的高级氧化体系中 SO_4^-• 起主导作用。

④ 探究 $CuFe_2O_4$@ACF 复合电极的稳定性，使用制备好的 $CuFe_2O_4$@ACF 复合电极在相同条件下连续进行 5 次实验，阿特拉津的降解率仍然在 90% 以上，通过 SEM 对反应前后的 $CuFe_2O_4$@ACF 复合电极进行表征，实验前后电极表面并无明显变化，仍然存在 $CuFe_2O_4$，这表明了 $CuFe_2O_4$@ACF 复合电极具有很好的稳定性。

参考文献

[1] Li J，Yan J，Yao G，et al. Improving the degradation of atrazine in the three-dimensional（3D）electrochemical process using $CuFe_2O_4$ as both particle electrode and catalyst for persulfate activation［J］. Chemical Engineering Journal，2019，361：1317-1332.

第 7 章

钴铁基石墨毡复合阴极

层状双金属氢氧化物（LDH）由金属氢氧化物主层和阴离子层间区域组成，LDH 通常表示为 $[M_{1-x}^{2+}M_x^{3+}(OH_2)]^{x+}[A_{x/n}^{n-}]^{x-}\cdot mH_2O$，其中二价和三价过渡金属阳离子用 M^{2+} 和 M^{3+} 表示，层间阴离子如 CO_3^{2-} 和 NO_3^- 用 A^{n-} 表示[1]。通过煅烧 LDH 获得的混合氧化物称为层状双氧化物（LDO），与前驱体 LDH 相比，LDO 具有独特的结构，如更大的表面积、丰富的活性位点、更高的稳定性等。近期有研究将 LDO 应用于 AOPs。Zhang 等[2]通过共沉淀煅烧法合成 CuMgAl-LDO，将其作为活化 PDS 的催化剂来降解磺胺甲氧基二嗪（SMD），反应 120min 时的 SMD 去除率为 99.49%。Guo 等[3]比较了 CoCu LDH 和 CoCu LDO 活化 PMS 的性能，结果表明，CoCu LDO 具有更高的稳定性且煅烧显著抑制了金属离子浸出。经第 6 章研究发现，电场可以促进过渡金属的电子转移并增强对 PDS 的活化和阿特拉津的降解，电活化与过渡金属活化发挥了协同作用。目前，电增强 LDO 金属氧化物复合阴极活化 PDS 降解阿特拉津的研究鲜有报道。

本章以石墨毡（GF）为基体，钴铁双金属氢氧化物通过溶剂热法原位生长在 GF 上，然后在空气中煅烧制备 FeO-CoFeO/GF 复合阴极，此电极的制备过程更为简便，无需氮气气氛和黏合剂，优化了电极改性方法。采用多种表征测试手段对复合材料的表面形貌、微观结构、晶体结构、表面元素组成、官能团结构、热稳定性、电化学性能等进行分析，探究电极的制备条件和实验条件等对阿特拉津降解的影响，揭示体系中溶解氧的作用，并考察复合阴极的稳定性及适用性，鉴定体系中活性氧物种的类型并推测体系的催化反应机理，分析阿特拉津的降解产物并提出可能的降解路径，对阿特拉津降解过程中的毒性变化进行评估。

7.1　FeO-CoFeO/GF 复合阴极的制备

（1）GF 预处理

将 GF（2cm×5cm）置于丙酮溶液中，超声 30min 以去除表面油污，用去离子水洗净后，于 80℃ 烘箱中干燥，将干燥后的 GF 在空气条件下 500℃ 煅烧 2h 以增强亲水性。

（2）钴铁双金属氢氧化物改性 GF 阴极（FeH-CoFeH/GF）的制备

将一定浓度的金属盐 $Co(NO_3)_2\cdot 6H_2O$ 和 $Fe(NO_3)_3\cdot 9H_2O$ 与 $Co(NH_2)_2$

和 NH_4F 充分溶解；预处理的 GF 放入上述混合溶液中，超声处理 10min 后，将溶液转移到高压釜中，于 90℃ 的烘箱中加热 8h；待烘箱冷却至室温后取出反应釜，将改性 GF 取出并用去离子水冲洗数次，80℃ 下干燥 10h，得到 β-FeOOH 和 CoFe-LDH 修饰的 GF，记为 FeH-CoFeH/GF。不加 GF 制备得到钴铁双金属氢氧化物（FeH-CoFeH）粉末。

（3）FeO-CoFeO/GF 阴极的制备

将 FeH-CoFeH/GF 置于马弗炉中，在空气气氛下（升温速率为 5℃/min）煅烧 2h，得到 γ-Fe_2O_3 和 CoFe-LDO 修饰的 GF，记为 FeO-CoFeO/GF。将 FeH-CoFeH 粉末置于马弗炉中，在空气气氛下（5℃/min 的升温速率）煅烧 2h，得到 FeO-CoFeO 粉末。

7.2 FeO-CoFeO/GF 复合阴极制备条件优化

7.2.1 金属盐浓度的优化

金属氢氧化物通过溶剂热法原位生长在 GF 上，因此金属盐的浓度影响复合阴极的催化性能。在 Co 与 Fe 物质的量比为 1∶1、煅烧温度为 350℃ 的条件下，探究不同的金属盐浓度（5mmol/L、10mmol/L、15mmol/L、25mmol/L、35mmol/L）对阿特拉津降解的影响，同时设置了 0mmol/L 的金属盐浓度作为对照组，实验结果如图 7-1 所示。当金属盐浓度为 0mmol/L 时，此时的阴极是 GF 电极，反应 60min 时阿特拉津的去除率为 48.1%，相应的反应速率常数为 $0.011min^{-1}$，阿特拉津的降解归因于阳极氧化和 GF 阴极电活化 PDS 产生的活性氧物种。随着金属盐浓度逐渐增加，阿特拉津的去除率和反应速率常数均呈先上升后下降的趋势，当金属盐浓度为 25mmol/L 时，阿特拉津在反应 60min 时被完全去除，此时的反应速率常数为 $0.054min^{-1}$；继续提高金属盐浓度反而不利于阿特拉津的降解；当金属盐浓度为 35mmol/L 时，阿特拉津的去除率为 96.4%，反应速率常数为 $0.052min^{-1}$，可见金属盐浓度显著影响复合阴极的催化性能。当金属盐浓度不足时，催化位点不足以发挥催化活性，随着金属盐用量的增加，阿特拉津在阳极氧化、阴极电活化 PDS 和过渡金属活化 PDS 的三重作用下实现高效去除。而金属盐浓度过量时，复合阴极的催化性能有所下降，可能有以下 3 个方面原因：

① 在水热成核过程中，过量金属发生堆叠团聚，有效活性位点减少；

② 体系中氧化剂的浓度成为限制因素，无法产生更多的活性氧物种；

③ 过量的金属可能与体系中产生的 $SO_4^- \cdot$ 和 $\cdot OH$ 等活性氧物种发生淬灭反应，造成活性氧物种的无效分解。因此，金属盐浓度优选 25mmol/L。

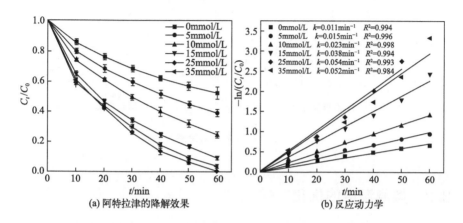

图 7-1　金属盐浓度对降解的影响

7.2.2　金属比例的优化

在金属盐浓度为 25mmol/L、煅烧温度为 350℃的条件下，探究了 Fe 与 Co 的物质的量比（2∶1、1∶1、1∶2、1∶3）对阿特拉津降解的影响。实验条件如下：阿特拉津初始浓度为 10mg/L、反应温度为 25℃、电流密度为 3.0mA/cm²、溶液初始 pH 值为 5.9、PDS 浓度为 1.0mmol/L。实验结果如图 7-2（a）所示。当 Fe 与 Co 物质的量比为 1∶2 时、反应 50min 时的阿特拉津去除率为 100%，此时复合阴极具有最佳的催化活性，加速了阿特拉津的去除。当金属钴盐所占比例较少时，其在溶剂热阶段无法与金属铁盐形成双金属氢氧化物，导致所制备的复合阴极无法实现双金属协同催化；而当金属钴盐所占比例过多、金属铁盐所占比例较少时，阿特拉津的去除率显著降低，可能是因为金属铁盐对 PDS 的活化能力更好，大量的金属钴反而会占据或覆盖金属铁的活性位点。可见金属钴盐的量过少或过多均不利于复合阴极催化活性的提高。因此，制备复合阴极时 Fe 与 Co 物质的量比优选为 1∶2。

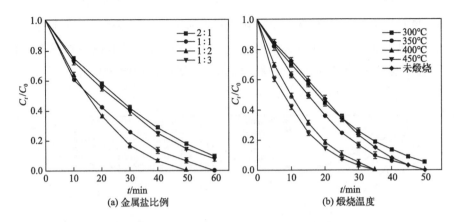

图 7-2　不同制备条件对降解的影响

7.2.3　煅烧温度的优化

复合阴极在溶剂热阶段生成双金属氢氧化物，然后在空气中煅烧转化为双金属氧化物，煅烧温度影响氧化物的形成，进而影响复合阴极的催化性能。在阿特拉津初始浓度为 10mg/L、反应温度为 25℃、电流密度为 3.0mA/cm²、溶液初始 pH 值为 5.9、PDS 浓度为 1.0mmol/L 的条件下，考察了在不同煅烧温度（300℃、350℃、400℃和 450℃）下制备的复合阴极对阿特拉津降解的影响，同时将未经煅烧的双金属氢氧化物复合阴极作为对照组，如图 7-2（b）所示。未经煅烧的复合阴极在反应 50min 时，阿特拉津的去除率为 100%；与未煅烧的复合阴极对阿特拉津的去除相比，煅烧温度为 300℃时，阿特拉津的去除率反而下降，这可能是由于 300℃时未能形成稳定且催化活性高的金属氧化物；随着煅烧温度从 350℃增加到 450℃，阿特拉津的去除率逐渐增加，当煅烧温度为 400℃和 450℃时，经反应 35min，阿特拉津的去除率均为 100%。煅烧温度为 450℃时制备的复合阴极与 400℃时的相比，去除率并未显著提高，可能是因为较高的煅烧温度引起金属组分结构发生变化导致催化活性降低。因此，复合阴极的最佳煅烧温度是 400℃。

7.3　FeO-CoFeO/GF 复合阴极的表征

7.3.1　晶体结构分析

采用 XRD 技术以确定复合阴极表面所负载的金属组分的晶体结构和物质组成。由图 7-3（a）可知，2θ 为 11.6°、23.4°、33.2°、34.1°、35.1°、38.7°、46.2°、59.1°和 60.5°处的衍射峰对应层状类水滑石相的 CoFe-LDH（PDF♯50-0235）的（003）、（006）、（101）、（012）、（009）、（015）、（018）、（110）和（113）晶面[4]。除类水滑石衍射峰外，位于 11.8°、16.8°、26.7°、34.0°、35.2°、39.2°、46.4°和 55.9°的衍射峰分别对应 β-FeOOH（PDF♯34-1266）的（110）、（200）、（310）、（400）、（211）、（301）、（411）和（521）晶面[5]。由图 7-3（b）可知，钴铁类水滑石相的特征峰在煅烧后消失，金属氧化物的衍射峰清晰可见。β-FeOOH 经过煅烧转化为 γ-Fe_2O_3（PDF♯39-1346），2θ 位于 30.2°、35.6°和 62.9°处的衍射峰对应 γ-Fe_2O_3 的（221）、（311）和（440）晶面。随着煅烧温度升高，γ-Fe_2O_3 的衍射峰更加突出。根据衍射峰的位置，推测可能存在 Co_3O_4 和/或 Fe_3O_4。Co_3O_4 和 Fe_3O_4 的峰位置非常接近，仅通过 XRD 难以判断，对催化组分进行 XPS 元素组成分析，全谱如图 7-4 所示，Co 和 Fe 都存在于复合材料中，由图 7-5（c）和图 7-5（d）中的 Co 2p 和 Fe 2p 的 XPS 光谱可知，钴铁金属

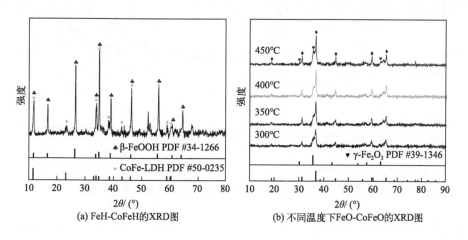

(a) FeH-CoFeH的XRD图　　　　　(b) 不同温度下FeO-CoFeO的XRD图

图 7-3　不同催化材料的 XRD 图

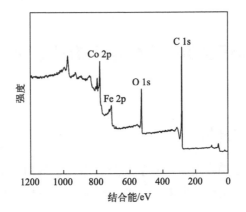

图 7-4　FeO-CoFeO/GF 的 XPS 全谱图

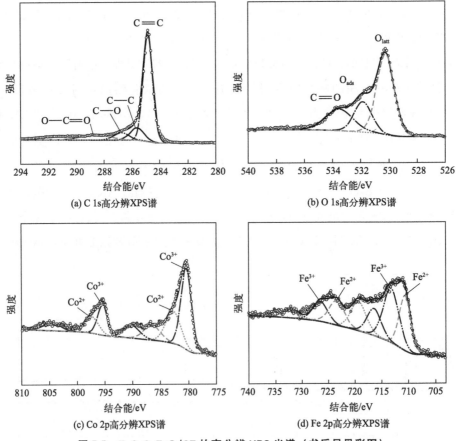

图 7-5　FeO-CoFeO/GF 的高分辨 XPS 光谱（书后另见彩图）

氧化物均以混合价态存在，XRD 结合 XPS 的结果可判断存在 Co_3O_4（PDF♯ 42-1467）和 Fe_3O_4（PDF♯26-1136），表明 CoFe-LDH 在空气中的煅烧成功合成了 CoFe-LDO。

7.3.2　表面元素组成分析

如图 7-4 可知，复合阴极表面共有 C、O、Co 和 Fe 四种元素。C 1s 高分辨率 XPS 光谱［图 7-5（a）］中，284.8eV 和 285.6eV 处的峰可归为 C＝C 和 C—C，分别是 sp^2 杂化石墨碳和 sp^3 杂化碳，结合能位于 286.7eV 和 288.6eV 处的拟合峰对应 C—O 和 O—C＝O[6]。O 1s 高分辨率 XPS 光谱［图 7-5（b）］可解卷积为 3 个拟合峰，结合能分别位于 533.5eV、530.29eV 和 531.8eV，分别对应 C＝O、表面晶格氧（O_{latt}）和表面吸附氧（O_{ads}），其中 O_{latt} 与 Fe—O 和 Co—O 有关[7]，与 O_{latt} 相比，O_{ads} 更容易参与电催化反应[8]。图 7-5（c）为 Co 2p 高分辨率光谱，结合能在 780.3eV 和 795.3eV 处的拟合峰对应 Co（Ⅲ），位于 782.6eV 和 797.4eV 处的拟合峰分配给 Co（Ⅱ）。Fe 2p 光谱［图 7-5（d）］的结合能位于 710.5eV 和 723.3eV 处的拟合峰对应 Fe（Ⅱ），而 713.1eV 和 726.4eV 处的拟合峰归属于 Fe（Ⅲ）[9]。

7.3.3　表面形貌分析

图 7-6 为 GF、FeH-CoFeH/GF 和经 400℃煅烧的 FeO-CoFeO/GF 的表面形貌图。GF 表面较为粗糙［图 7-6（a）］，为双金属氢氧化物的水热成核提供了条件，在水热过程中，$Co(NH_2)_2$ 和 NH_4F 发生热分解，溶液的 pH 呈碱性，诱导 Co^{2+} 和 Fe^{3+} 在 GF 表面成核结晶，FeH-CoFeH/GF 具有层状、片状结构［图 7-6（b）］，相互交错且均匀分布在 GF 纤维上。经 400℃煅烧的 FeO-CoFeO/GF 的表面形貌与 FeH-CoFeH/GF 相比［图 7-6（c）］，结构发生很大变化，经 400℃煅烧后层状、片状结构消失，形成了海胆状结构，中间的核被放射状多刺结构包围，这种分散结构有利于增加比表面积，加速电子转移。图 7-6（d）为 FeO-CoFeO/GF 的局部放大图，海胆状结构更加明显，金属组分牢固地生长在 GF 纤维上。

图 7-7 为煅烧温度在 300℃、350℃、400℃和 450℃时的 FeO-CoFeO/GF 表面形貌。与未煅烧的 FeH-CoFeH/GF［图 7-6（b）］相比，300℃下煅烧制备的 FeO-CoFeO/GF［图 7-7（a）］的层状、片状结构逐渐减少，在 GF 纤维的附着处出现内核结构；煅烧温度为 350℃时的 FeO-CoFeO/GF［图 7-7（b）］的片状结构进一步减少，附着位置处的内核逐渐增大；图 7-7（c）为煅烧温度为

(a) GF的SEM图

(b) FeH-CoFeH/GF的SEM图

(c) FeO-CoFeO/GF的SEM图

(d) 放大后的FeO-CoFeO/GF的SEM图

图 7-6　不同电极材料的 SEM 图

400℃时的 FeO-CoFeO/GF，片状结构完全转化为海胆状结构，450℃煅烧温度下的 FeO-CoFeO/GF［图 7-7（d）］的刺状结构明显减少，海胆状形貌基本消失，内核进一步扩大，并发生了堆叠现象。通过不同煅烧温度下复合阴极的表面形貌图可知煅烧温度为 400℃时的复合阴极具有更加均匀且分散的结构，催化活性最优。

(a) 300℃时的SEM图

(b) 350℃时的SEM图

(c) 400℃时的SEM图　　　　　　　(d) 450℃时的SEM图

图 7-7　不同热解温度下的 SEM 图

7.3.4　微观结构分析

对煅烧温度为 400℃时的 FeO-CoFeO 的微观结构进行表征分析。由图 7-8（a）可知，0.252nm、0.243nm 和 0.244nm 的晶格条纹间距分别对应 Fe_2O_3 的（311）晶面、Co_3O_4 的（311）晶面和 Fe_3O_4 的（311）晶面。图 7-8（b）为 SAED 图，图像显示出清晰的对称衍射环，表明催化组分具有多晶特征。

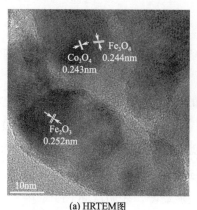

(a) HRTEM图　　　　　　　　　　(b) SAED图

图 7-8　FeO-CoFeO 的微观结构图

7.3.5　热稳定性分析

通过 TG-DSC 测试以分析 FeH-CoFeH 的热稳定性，从而探究在煅烧过程中复合阴极表面金属物质的变化，测试条件为空气条件下，温度范围从室温到

600℃，升温速率为10℃/min。由图7-9（a）可知，在温度为100~600℃范围内有4个明显的吸热峰。在140℃和185℃左右出现两个吸热峰，主要与吸附水分子和层间水分子脱附有关；继续升温至约330℃时质量损失明显，这可归因于层间CO_3^{2-}和NO_3^-的热解以及脱羟基作用[10]；350~400℃之间较小的质量损失可能与进一步脱羟基和层间NO_3^-的分解有关[11]，在400℃左右基本完成了FeH-CoFeH向FeO-CoFeO的转变。

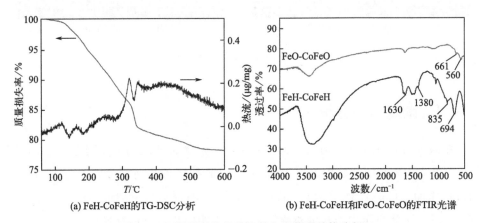

(a) FeH-CoFeH的TG-DSC分析　　　　(b) FeH-CoFeH和FeO-CoFeO的FTIR光谱

图7-9　不同材料的热稳定性和官能团结构分析

7.3.6　官能团结构分析

采用FTIR测试以进一步分析FeH-CoFeH和FeO-CoFeO的组成和官能团结构，测试结果如图7-9（b）所示。在FeH-CoFeH的FTIR光谱中，波数在3000~3500cm^{-1}的宽峰可归因于—OH的伸缩振动，这是由金属氢氧化物独特的双层结构引起的[12]。波数位于1630cm^{-1}处的峰对应层间水分子的—OH弯曲振动，波数位于694cm^{-1}的振动峰与金属羟基（Me—OH）的晶格振动有关[1]，波数为1380cm^{-1}和835cm^{-1}处的峰与层间CO_3^{2-}的伸缩振动有关[13]，从FeO-CoFeO的FTIR光谱中未观察到上述振动峰，表明层间CO_3^{2-}在400℃煅烧后消失[14]，但FeO-CoFeO的FTIR光谱在波数为560cm^{-1}和661cm^{-1}处出现两个特征峰，分别对应Fe-O和Co-O伸缩振动特征峰[15]，金属氧化物特征峰的出现表明金属氢氧化物通过煅烧成功转化为金属氧化物。

7.3.7　比表面积分析

由图7-10可知，FeH-CoFeH/GF和FeO-CoFeO/GF的N_2吸附-脱附等温线

均为Ⅳ型等温线，具有 H3 型回滞环，表明 FeH-CoFeH/GF 和 FeO-CoFeO/GF 存在介孔结构。FeH-CoFeH/GF 和 FeO-CoFeO/GF 的比表面积分别为 1.51m²/g 和 13.06m²/g，煅烧后电极的比表面积是未煅烧电极比表面积的 8.6 倍，结合图 7-6（b）和图 7-6（c）可证实煅烧增大了电极的比表面积。从图 7-10 插图可知，FeO-CoFeO/GF 的平均孔径略小于 FeH-CoFeH/GF，而 FeO-CoFeO/GF 的总孔体积为 0.038cm³/g，远大于 FeH-CoFeH/GF 的总孔体积（0.006cm³/g），煅烧后总孔体积增加了 5 倍，更大的比表面积和总孔体积有利于氧化剂分子及污染物与催化位点接触，从而加快活性氧物种的生成并提高污染物去除率。

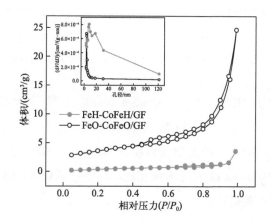

图 7-10　FeH-CoFeH/GF 和 FeO-CoFeO/GF 的 N₂ 吸附-脱附等温线和孔径分布曲线

7.3.8　电化学测试分析

通过电化学阻抗谱（EIS）研究了 FeO-CoFeO/GF、FeH-CoFeH/GF 和 GF 电极界面处的电子转移特性，结果如图 7-11（a）所示。FeO-CoFeO/GF 的 EIS 曲线半圆弧的直径小于 FeH-CoFeH/GF 和 GF 的 EIS 曲线半圆弧的直径，半圆弧的直径对应电极的界面电荷转移电阻，经拟合计算得到 FeO-CoFeO/GF、FeH-CoFeH/GF 和 GF 的 R_{ct} 值分别为 1.63Ω、2.66Ω 和 3.48Ω，与 FeH-CoFeH/GF 和 GF 相比，FeO-CoFeH/GF 具有更好的导电性和电子转移能力。

将 FeO-CoFeO/GF、FeH-CoFeH/GF 和 GF 电极在 100mmol/L K₃[Fe(CN)₆] 溶液和 0.1mol/L KCl 溶液中进行循环伏安（CV）测试，以考察不同阴极的电活性面积，氧化还原峰的响应电流越强，说明物质发生氧化还原的能力越强，CV 曲线如图 7-11（b）所示。根据 GF、FeH-CoFeH/GF 和 FeO-CoFeO/GF 的

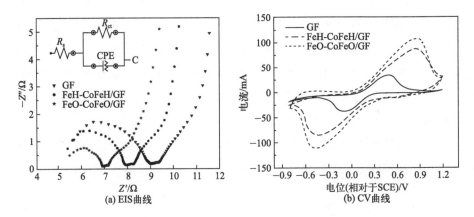

图 7-11　FeO-CoFeO/GF、FeH-CoFeH/GF 和 GF 的电化学性能测试

SCE—饱和甘汞电极；CPE—常相角元件；R_{ct}—电极的界面电荷转移电阻；R_s—溶液电阻

氧化还原峰值电流强度，采用 Randles-Sevcik 方程[16] 计算得到 GF、FeH-CoFeH/GF 和 FeO-CoFeO/GF 的电活性面积分别为 $54.1cm^2$、$134.1cm^2$ 和 $166.5cm^2$，FeO-CoFeO/GF 的电活性面积是 GF 的 3.1 倍，是 FeH-CoFeH/GF 的 1.2 倍。与 GF 和 FeH-CoFeH/GF 电极相比，FeO-CoFeO/GF 的电子转移能力和电活性面积均得到了显著提高。

7.4　FeO-CoFeO/GF 复合阴极电活化 PDS 的性能测试

降解实验条件如下：电解液为 $50mmol/L$ Na_2SO_4 溶液，阿特拉津初始浓度为 $10mg/L$，采用恒电流模式进行反应，Pt 片和复合电极分别用作阳极和阴极，阴阳极竖直平行放置，且极板间距为 3cm，反应温度为 25℃，转速为 400r/min，在通电的同时加入一定量的 PDS 引发降解反应。

7.4.1　不同因素对处理效果的影响

7.4.1.1　PDS 投加量

氧化剂用量与体系中产生活性氧物种的量直接相关，可影响污染物的降解。在实验条件为阿特拉津初始浓度 $10mg/L$、反应温度 25℃、电流密度 $4.0mA/cm^2$、溶液初始 pH＝5.9 的条件下，考察了不同 PDS 浓度（0.5mmol/L、

0.75mmol/L、1.0mmol/L、1.5mmol/L、2.0mmol/L）对阿特拉津降解的影响。由图 7-12（a）可知，当 PDS 浓度为 0.5mmol/L，反应 35min 时的阿特拉津去除率为 49.3%。随着 PDS 剂量的增加，相同时间内的阿特拉津去除率显著提高。当体系中 PDS 浓度为 1.0mmol/L，反应 35min 时的阿特拉津去除率为 100%。当氧化剂的投加量不足时，活性氧物种的产生量较少，随着 PDS 浓度增加，生成的活性氧物种增加，有利于阿特拉津的去除。当 PDS 浓度增加至 2.0mmol/L 时，阿特拉津的去除率并未显著提高，原因可能是体系中生成的自由基过量，自由基间发生淬灭，也可能是过量的 PDS 消耗了 $SO_4^- \cdot$。

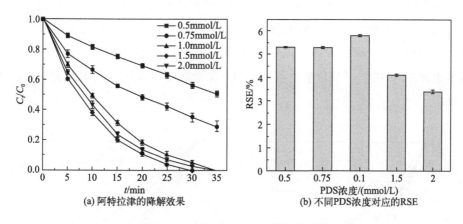

图 7-12　不同 PDS 浓度对降解的影响

计算 RSE 以评估 PDS 的利用率，结果如图 7-12（b）所示。当 PDS 浓度为 0.5mmol/L、0.75mmol/L、1.0mmol/L、1.5mmol/L 和 2.0mmol/L 时，对应的 RSE 值分别为 5.31%、5.31%、5.81%、4.13% 和 3.41%。对于复合阴极表面充足的活性位点而言，较低浓度的 PDS 是决定反应速率的关键参数，当 PDS 浓度增加到 1.0mmol/L 时，反应速率显著增加，这是因为氧化剂充分利用了复合阴极上的催化位点，最大程度地激活了 PDS，此时 PDS 的利用率最高；然而，随着 PDS 浓度的进一步增加，对于过量的 PDS 而言，复合阴极表面有限的催化活性位点成为限制因素，过量的氧化剂可能消耗了生成的自由基，从而导致 PDS 利用率较低。因此，优选 PDS 浓度为 1.0mmol/L。

7.4.1.2　初始 pH 值

在阿特拉津初始浓度为 10mg/L、反应温度为 25℃、电流密度为 4.0mA/cm²、PDS 浓度 1.0mmol/L 的条件下，考察了不同溶液初始 pH 值（3.0、4.5、

5.9、7.0、9.0) 对阿特拉津降解的影响。由图 7-13 (a) 可知，当溶液初始 pH 值为 3.0 时，10mg/L 的阿特拉津可在 30min 内实现完全去除；当溶液初始 pH 值为 9.0 时，经反应 35min，阿特拉津的去除率仍可达 90.9%，表明以 FeO-CoFeO/GF 为阴极，以 PDS 为氧化剂构建的非均相电化学高级氧化体系在较宽 pH 值范围内均表现出良好的催化活性，可以高效降解阿特拉津，这使得该电极应用于实际废水处理的可能性更大。酸性条件下更有利于阿特拉津的去除，这是因为 H^+ 可能促进 $SO_4^-\cdot$ 的产生，并且 $\cdot OH$ 的标准氧化电位在酸性条件下为 2.7 $V^{[17]}$，$\cdot OH$ 在酸性条件下的氧化能力最强；在中性及碱性条件下，$SO_4^-\cdot$ 与 OH^- 反应生成 $\cdot OH$ [式 (1-13)]，$\cdot OH$ 的半衰期短于 $SO_4^-\cdot$ 的半衰期，并且 $\cdot OH$ 在中性及碱性条件下的氧化能力明显减弱；此外，PDS 的水解释放大量 H^+ 的同时 $S_2O_8^{2-}$ 转化为 SO_4^{2-}，在碱性条件下 PDS 更容易发生水解，$S_2O_8^{2-}$ 也会生成较多的 SO_4^{2-}，导致氧化剂的浪费，因此在碱性条件下污染物去除率有所下降。

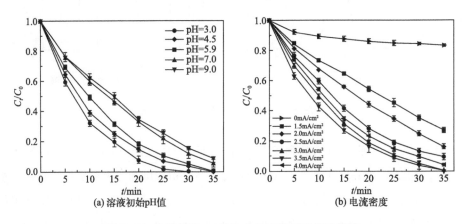

图 7-13　溶液初始 pH 值和电流密度对降解的影响

7.4.1.3　电流密度

FeO-CoFeO/GF 复合阴极与电场协同活化 PDS 降解阿特拉津的过程涉及很多氧化还原反应，施加的电流密度作为过渡金属再生、电活化 PDS 的驱动力显著影响阿特拉津的去除。在阿特拉津初始浓度为 10mg/L、反应温度为 25℃、溶液初始 pH 值为 5.9、PDS 浓度为 1.0mmol/L 的条件下，考察了不同电流密度（1.5mA/cm²、2.0mA/cm²、2.5mA/cm²、3.0mA/cm²、3.5mA/cm²、4.0mA/cm²）对阿特拉津降解的影响，同时设置了 0mA/cm²（不通电）作为对照组。

由图 7-13（b）可知，当电流密度为 0mA/cm² 时，经反应 35min，阿特拉津的去除率为 16.6%，说明在未施加电流时，FeO-CoFeO/GF 上的金属催化组分对 PDS 的活化能力非常有限；当施加一定的电流密度后阿特拉津的去除率显著提高，当电流密度为 1.5mA/cm² 时阿特拉津在反应 35min 时的去除率为 73.0%，与电流密度为 0mA/cm² 时的阿特拉津去除率相比，相同时间内的去除率提高了 56.4%，即便施加小电流也能加速阿特拉津的去除；当电流密度增加至 3.0mA/cm²，反应 35min 时，阿特拉津的去除率为 100%，可见阿特拉津的去除率随着电流密度的增加而增加，电流密度的增加有利于复合阴极表面金属催化组分的电子转移，从而有助于活化 PDS；而当电流密度进一步增加至 4.0mA/cm² 时，经反应 35min，阿特拉津的去除率为 96.2%，去除率下降的原因可能是体系中发生了强烈的副反应如析氢反应。

7.4.1.4　反应温度

在阿特拉津初始浓度为 10mg/L、溶液初始 pH 值为 5.9、PDS 浓度为 1.0mmol/L、电流密度为 3.0mA/cm² 的条件下，考察了不同反应温度（15℃、25℃、35℃、45℃）对阿特拉津降解的影响，实验结果如图 7-14 所示。

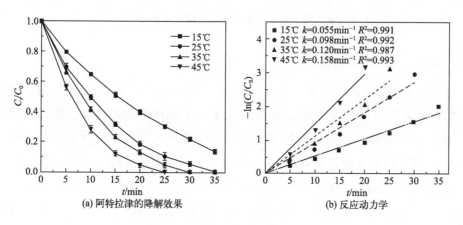

(a) 阿特拉津的降解效果　　(b) 反应动力学

图 7-14　反应温度对降解的影响

由图 7-14 可知，在反应温度为 15℃时，经反应 35min，阿特拉津的去除率为 86.5%，而在反应温度为 45℃时，10mg/L 阿特拉津可在 25min 内完全去除，可见升高温度促进了阿特拉津的降解。造成这种现象的原因是升温加速了分子运动，为物质之间的碰撞提供了机会；PDS 被活化产生自由基的过程是吸热过程，升高温度有利于 PDS 产生活性氧物种。在所研究的温度范围（15～45℃）内，热活化对 PDS 的分解可忽略不计，PDS 被有效热活化所需的反应温度一般在 60℃以上[18]。E_a 代表反应发生所需的最小能量，图 7-15 为反应速率常数与反应温度的关系，经拟合后得出 E_a 为 24.78kJ/mol，体系中发生的反应主要受化学反应控制而非传质控制[19]。此体系中的 E_a 值低于文献中报道的其他反应体系的 E_a 值，如 $CuFe_2O_4$-$CoFe_2O_4$/PMS 体系（54.6kJ/mol）[20]、Co/Co_9S_8@NSOC/PMS 体系（48.6kJ/mol）[21] 和 $NiFe_{0.7}Co_{1.3}O_4$-RGO/PDS 体系（39.62kJ/mol）[22]，表明此体系中的反应更容易发生。

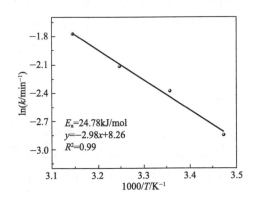

图 7-15　反应速率常数与反应温度的关系

7.4.1.5　共存物质

实际水体通常含有天然有机物（NOM）和无机离子等共存物质，这些物质可能与体系中的活性氧物种发生反应，从而干扰污染物的去除。因此考察了 NOM、无机阴离子和无机阳离子对阿特拉津降解的影响，同时设置了不添加 NOM、无机阴离子和无机阳离子时的体系作为对照组，如图 7-16 所示。

HA 作为 NOM 的典型代表，本实验讨论了不同浓度的 HA（1mg/L、3mg/L、5mg/L、10mg/L）对阿特拉津去除的影响。由图 7-16（a）可知，在不加 HA 的体系中，反应 35min 时的阿特拉津去除率为 100％；当体系中加入 HA 后，阿特拉津的去除率有所下降，并且随着 HA 浓度的增加，阿特拉津的降解被逐渐抑制。当 HA 浓度为 1mg/L 和 3mg/L，反应 35min 时，阿特拉津的去除率分别为 95.9％和 90.2％，较低浓度的 HA 对阿特拉津的去除表现出轻微抑制；当 HA 浓度增加到 5mg/L 和 10mg/L 时，相同时间内的阿特拉津去除率分别为 76.5％和 63.3％，高浓度的 HA 显著抑制了阿特拉津的去除，可能是 HA 覆盖了催化位点阻碍了阿特拉津与催化位点的接触，并且 HA 作为有机物和阿特拉津竞争与活性氧物种反应，仅部分活性氧物种用于阿特拉津的去除，从而导致阿特拉津的去除率下降。本实验还考察了高浓度（10mmol/L）的无机阴离子（HCO_3^-、NO_3^-、$H_2PO_4^-$、Cl^-）对阿特拉津降解的影响，由图 7-16（b）可知，当体系中加入 Cl^- 和 NO_3^-，反应 35min 时，阿特拉津的去除率从 100% 分别下降到 95.4% 和 91.5%。去除率降低的原因可能是体系中的自由基如 $SO_4^-\cdot$ 被 Cl^- 和 NO_3^- 消耗［式（7-1）和式（7-2）］，形成了具有一定氧化能力的氯自由基（$Cl\cdot$）[23] 和硝酸根自由基（$NO_3\cdot$）[24]。$Cl\cdot/Cl^-$ 和 $NO_3\cdot/NO_3^-$ 的氧化还原电位分别为 2.4V 和 2.3~2.5V[25]。因此，当加入这两种无机阴离子时，体系仍保持相对较高的催化氧化能力。当 $H_2PO_4^-$ 加到体系中，反应 35min 时的阿特拉津去除率为 92.8%，$H_2PO_4^-$ 可以与 $SO_4^-\cdot$ 和 $\cdot OH$ 发生反应，生成氧化能力弱的 $H_2PO_4\cdot$［式（7-3）和式（7-4）］[26]。此外，$H_2PO_4^-$ 与过渡金属（如 Fe）之间存在很强的亲和力，磷酸盐和 Fe 的络合也会降低催化组分的活性[26]。HCO_3^- 显著抑制了阿特拉津的去除，反应 35min 时的阿特拉津去除率为 50.0%，HCO_3^- 是一种碱性缓冲剂，可以削弱 $\cdot OH$ 的氧化能力，并且 HCO_3^- 可以捕获 $SO_4^-\cdot$ 和 $\cdot OH$ 生成氧化能力很弱的 $CO_3^-\cdot$ 和 $HCO_3\cdot$［式（7-5）和式（7-6）］[23]。相同浓度的无机阴离子对阿特拉津的降解产生了不同程度的抑制，抑制顺序由大到小为 $HCO_3^- > NO_3^- > H_2PO_4^- > Cl^-$。

实际水体中除含有机物、无机阴离子外，也含有包括 Ca^{2+}、Mg^{2+} 在内的无机阳离子，Ca^{2+}、Mg^{2+} 的含量决定了水体的硬度。本实验以 $CaSO_4$ 和 $MgSO_4$ 作为 Ca^{2+}、Mg^{2+} 的来源，考察了不同浓度的 Ca^{2+}、Mg^{2+} 对阿特拉津降解的影响。由图 7-16（c）可知，当体系中 Ca^{2+} 浓度为 1mmol/L 时，经反应 35min，阿特拉津的去除率从不添加 Ca^{2+} 时的 100% 降低到 93.0%，较低浓度的 Ca^{2+} 对阿特拉津的去除表现出轻微抑制。随着 Ca^{2+} 浓度的增加，阿特拉津的去除率明显下降，当 Ca^{2+} 浓度为 5mmol/L 时，阿特拉津在反应进行 35min 时的去除率为 67.0%。由图 7-16（d）可知，当体系中 Mg^{2+} 浓度为 0mmol/L、1mmol/L、2mmol/L 和 5mmol/L 时，反应 35min 时的阿特拉津去除率分别为 100%、96.0%、92.0% 和 82.6%，随着 Mg^{2+} 浓度增加，阿特拉津的去除率逐渐下降。上述实验结果表明，当体系中存在 Ca^{2+}、Mg^{2+} 时，不利于阿特拉津的去除，并且浓度越高，对阿特拉津降解的抑制作用越明显，这是因为 Ca^{2+}、Mg^{2+} 在电场作用下容易吸附在复合阴极表面，占据催化位点，阻碍氧化剂与催化位点的接触，从而影响活性氧物种的生成，进而不利于阿特拉津的降解。

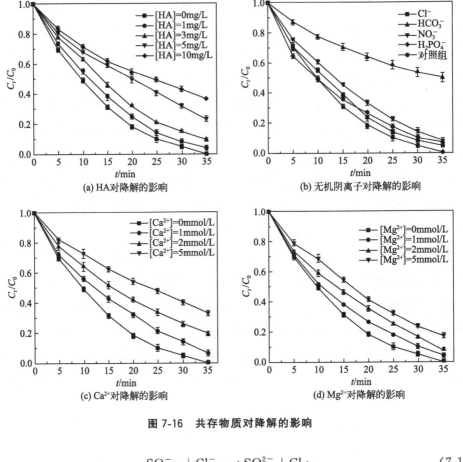

图 7-16　共存物质对降解的影响

$$SO_4^- \cdot + Cl^- \longrightarrow SO_4^{2-} + Cl \cdot \tag{7-1}$$

$$SO_4^- \cdot + NO_3^- \longrightarrow SO_4^{2-} + NO_3 \cdot \tag{7-2}$$

$$\cdot OH + H_2PO_4^- \longrightarrow H_2PO_4 \cdot + OH^- \tag{7-3}$$

$$SO_4^- \cdot + H_2PO_4^- \longrightarrow H_2PO_4 \cdot + SO_4^{2-} \tag{7-4}$$

$$\cdot OH + HCO_3^- \longrightarrow CO_3^{2-} \cdot + H_2O \tag{7-5}$$

$$SO_4^- \cdot + HCO_3^- \longrightarrow HCO_3^- \cdot + SO_4^{2-} \tag{7-6}$$

7.4.2　FeO-CoFeO/GF 复合阴极的稳定性

本实验考察了复合阴极的重复稳定性，实验结果如图 7-17 所示，FeO-CoFeO/GF 复合阴极在连续 6 个循环后仍保持良好的催化性能，第 6 次循环反应 35min 时的阿特拉津去除率为 90.6%。

考虑到电极在降解过程中会释放金属离子，因此检测了前 3 次循环中 Co 和

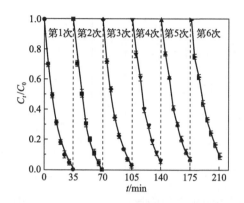

图 7-17　FeO-CoFeO/GF 复合阴极的稳定性测试

Fe 的浸出量。由图 7-18 可知，在第 1 次循环中浸出的总 Co 和总 Fe 离子浓度分别为 0.218mg/L 和 0.133mg/L，第 3 次循环实验中总 Co 和总 Fe 离子的浓度分别为 0.169mg/L 和 0.093mg/L。随着反应次数的增加，离子浸出量逐渐降低，可能是因为大多数不稳定的催化成分在第 1 次循环中被释放。降解过程中的离子浸出量均低于中国国家标准 GB 13456—2012 和 GB 25467—2010 的允许限值（总 Fe<2mg/L、总 Co<1mg/L）。

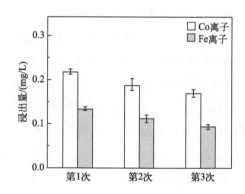

图 7-18　前 3 次循环过程中的离子浸出量

7.4.3　活性氧物种类型的鉴定

采用 TBA、BQ、MeOH 和 β-胡萝卜素作为捕获剂进行淬灭实验以鉴定体系中活性氧物种类型。本实验考察淬灭剂对阿特拉津降解的影响，实验结果如图 7-19 所示。

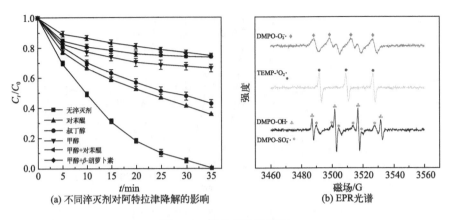

(a) 不同淬灭剂对阿特拉津降解的影响　　(b) EPR光谱

图 7-19　活性氧物种鉴定

由图 7-19（a）可知，在未加入任何淬灭剂的体系中，反应 35min 时的阿特拉津去除率为 100%；分别加入 TBA、MeOH、BQ 后，阿特拉津的去除率分别为 57%、33.5% 和 63.7%，表明体系中产生了 ·OH、SO_4^-· 和 O_2^-·。通过比较加入 TBA 和 MeOH 的体系对阿特拉津降解的抑制程度可知，·OH 对阿特拉津降解的贡献程度大于 SO_4^-· 的贡献程度，·OH 可能是由 SO_4^-· 转化而来，也可能是由于 O_2 进行二电子氧还原生成 H_2O_2，H_2O_2 被复合阴极催化生成了 ·OH。当向体系中同时加入 MeOH 和 BQ 两种淬灭剂时，经反应 35min，阿特拉津的去除率为 25.0%，与单独加入 MeOH 的体系中阿特拉津的去除率相比，MeOH 和 BQ 进一步抑制了阿特拉津的降解，再次证实了 O_2^-· 参与了阿特拉津的去除。MeOH + β-胡萝卜素对阿特拉津去除的抑制率为 73.9%，比单独使用 MeOH 表现出更显著的抑制效果，表明 $^1O_2$ 参与了阿特拉津的去除。经自由基淬灭实验可知 EO/FeO-CoFeO/GF + PDS 体系中的活性氧物种为 SO_4^-·、·OH、O_2^-· 和 $^1O_2$。EPR 测试进一步证实体系中产生了上述四种活性氧物种，测试结果如图 7-19（b）所示。在 EPR 光谱中，信号强度比为 1∶2∶2∶1 的特征峰归因于 DMPO-·OH，强度比 1∶1∶1∶1∶1∶1 的信号峰归因于 DMPO-SO_4^-·，强度比为 1∶1∶1∶1 和 1∶1∶1 的特征信号峰分别对应 DMPO-O_2^-· 和 TEMP-$^1O_2$，表明体系中存在 O_2^-· 和 $^1O_2$。通过自由基淬灭实验和 EPR 测试可知体系中参与阿特拉津去除的活性氧物种为 SO_4^-·、·OH、O_2^-· 和 $^1O_2$。

7.4.4　溶解氧对阿特拉津降解的影响

为研究体系中溶解氧对阿特拉津降解的影响，在反应开始前的 10min，将高纯氮气鼓入反应溶液中，并且在整个反应过程中持续鼓入 N_2 以充分排除体系中的溶解氧。由图 7-20 可知，以 FeO-CoFeO/GF 复合阴极构建的电活化 PDS 体系在持续鼓入高纯 N_2 的条件下，反应 35min 时，阿特拉津的去除率为 75.4%，远低于未鼓入 N_2 时的阿特拉津去除率（100%），表明体系中的溶解氧确实影响了阿特拉津的去除。进行自由基淬灭实验以进一步分析鼓入高纯 N_2 的体系中活性氧物种的类型。向持续鼓入高纯 N_2 的体系中分别加入单一淬灭剂 BQ、TBA、MeOH 后，反应 35min 时的阿特拉津去除率从 75.4%（未加淬灭剂）分别下降至 54.2%、63.7% 和 32.1%，表明持续鼓入高纯 N_2 的体系中存在 $O_2^- \cdot$、$\cdot OH$ 和 $SO_4^- \cdot$，通过比较加入 TBA 和 MeOH 的体系对阿特拉津去除的抑制程度可知，$SO_4^- \cdot$ 对阿特拉津降解的贡献程度大于 $\cdot OH$，并且 $\cdot OH$ 的存在主要来源于 $SO_4^- \cdot$ 的转化（此时体系中无 H_2O_2 产生）。当向体系中加入 MeOH+β-胡萝卜素时，阿特拉津去除率下降到 30.1%，约等于单独加入 MeOH 时体系的阿特拉津去除率（32.1%），表明在持续鼓入高纯 N_2 的体系中没有明显形成 $^1O_2$。当往持续鼓入 N_2 的体系中同时添加 MeOH 和 BQ 两种淬灭剂时，阿特拉津的去除率为 25.6%，与仅添加 MeOH 时的体系相比，阿特拉津的去除被进一步抑制，在体系内无溶解氧且淬灭 $\cdot OH$ 和 $SO_4^- \cdot$ 的情况下，$O_2^- \cdot$ 仍然存在于反应体系中，表明 $O_2^- \cdot$ 是由 $S_2O_8^{2-}$ 转化产生的［式（7-7）］[27]。通过以上分析可知，体系在持续鼓入高纯氮气的条件下，参与阿特拉津去除的活性氧物种主要为 $\cdot OH$、$SO_4^- \cdot$ 和 $O_2^- \cdot$，并且 $SO_4^- \cdot$ 对阿特拉津降解的贡献程度大于 $\cdot OH$，而在未鼓入氮气的体系中 $\cdot OH$ 对阿特拉津降解的贡献程度大于 $SO_4^- \cdot$。

$$S_2O_8^{2-} + HO_2^- \longrightarrow SO_4^{2-} + SO_4^- \cdot + O_2^- \cdot + H^+ \tag{7-7}$$

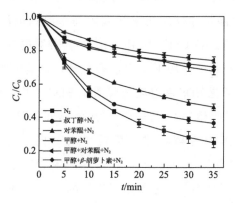

图 7-20 N_2 条件下不同淬灭剂对阿特拉津降解的影响

7.5 FeO-CoFeO/GF 电活化 PDS 体系催化机理探究

本实验考察了阿特拉津在七种体系中的降解情况以探究催化反应机理,这七种体系分别为单独的 PDS 体系、FeO-CoFeO/GF＋PDS(不接电源)、EO/GF、EO/GF ＋ PDS、EO/FeO-CoFeO/GF、EO/FeH-CoFeH/GF ＋ PDS、EO/FeO-CoFeO/GF＋PDS。

由图 7-21 可知,PDS 本身的氧化能力有限,反应 35min 时仅去除了 2.7% 的阿特拉津,去除率可以忽略不计。以 GF 阴极构建的 EO/GF 体系降解阿特拉津,反应 35min 时的去除率为 21.3%,此时的反应速率常数为 $0.007min^{-1}$,而加入 PDS 的 EO/GF 体系,相同时间内的阿特拉津去除率为 34.6%,反应速率常数为 $0.012min^{-1}$。与 EO/GF 体系相比,EO/GF＋PDS 体系对阿特拉津的降解速率更快,可见 PDS 可在电场的作用下被激活产生活性氧物种,从而提高了阿特拉津的去除率,但是单独电活化 PDS 体系去除阿特拉津的能力有限。在未接通电源的情况下,FeO-CoFeO/GF＋PDS 体系在反应 35min 时的阿特拉津去除率为 16.6%,相应的反应速率常数为 $0.005min^{-1}$,表明复合阴极上负载的过渡金属可激活 PDS 降解阿特拉津,但是单独的过渡金属对 PDS 的活化效果并不理想。在通电的情况下,阿特拉津在 EO/FeO-CoFeO/GF 体系中的去除率为 31.2%,高于 EO/GF 体系中阿特拉津的去除率(21.3%),可能是因为体系中产生的 H_2O_2 在复合阴极活性位点的催化作用下原位产生 ·OH,促进了阿特拉津的去除。在通电和加入 PDS 的情况下,以 EO/FeO-CoFeO/GF＋PDS 体系降解阿特拉津,反应 35min 时,阿特拉津的去除率为 100%,该体系的反应速率常数为 $0.098min^{-1}$,去除率和反应速率常数远高于单独电活化(EF/GF＋PDS)和单独过渡金属活化(FeO-CoFeO/GF＋PDS),表明电场与过渡金属发挥了协同作用,过渡金属在电场的作用下实现价态循环,显著增强了 PDS 的活化。协同因子可用来评价电活化 PDS 和过渡金属活化 PDS 的协同效应,经计算可得协同因子为 6.13,表明此体系中电场与过渡金属间的协同作用非常显著。在 EO/FeH-CoFeH/GF ＋ PDS 体系中,反应 35min 时,阿特拉津的去除率为 85.0%,反应速率常数为 $0.053min^{-1}$,去除率和反应速率常数均低于 EO/FeO-CoFeO/GF＋PDS 体系,这是因为煅烧后的 FeO-CoFeO/GF 具有更大的比表面积和总孔体积以及特殊的海胆状结构,有利于 PDS、阿特拉津与催化位点的接触，增加了 PDS 与催化组分、活性氧物种以及阿特拉津相互作用的可能性。

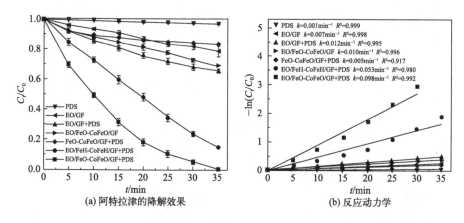

(a) 阿特拉津的降解效果　　　(b) 反应动力学

图 7-21　不同体系对降解的影响

　　EO/FeO-CoFeO/GF＋PDS 体系在短时间（35min）内实现了阿特拉津的降解，对反应前和反应 6 次后的复合阴极 FeO-CoFeO/GF 的 XPS 光谱进行分析，以探究元素价态组成及含量变化，进而推断 EO/FeO-CoFeO/GF＋PDS 体系中的催化反应机理，如图 7-22 所示（书后另见彩图）。

　　在 C 1s 高分辨率 XPS 光谱中［图 7-22（a）］，结合能位于 284.8eV、285.6eV、286.7eV 和 288.6eV 处的峰分别对应于 C＝C、C—C、C—O 和 O—C＝O，反应前后的 FeO-CoFeO/GF 复合阴极的碳组成没有明显变化，但是碳元素的相对含量发生了变化，反应前复合阴极的 C＝C、C—C、C—O 和 O—C＝O 的相对含量分别为 69.0%、12.1%、8.0% 和 11.0%，反应 6 次后的相对含量分别为 67.2%、10.6%、9.0% 和 13.1%。C—O 和 O—C＝O 的相对含量在反应 6 次后有所增加，表明活化 PDS 过程中，GF 表面发生部分氧化。由反应前和反应 6 次后的复合阴极的 O 1s 光谱［图 7-22（b）］可知，O_{latt} 的相对含量从反应前的 55.5% 下降到反应 6 次后的 30.9%，表明 O_{latt} 参与了 Co（Ⅱ）/Co（Ⅲ）和 Fe（Ⅱ）/Fe（Ⅲ）的转化。O_{ads} 的相对含量由反应前的 21.2% 提高到反应后的 37.3%，与 O_{latt} 相比，O_{ads} 更容易参与电催化反应[8]，从而有利于催化反应的进行。图 7-22（c）为反应前和反应 6 次后复合阴极的 Fe 2p 高分辨率 XPS 光谱，Fe（Ⅱ）的相对含量从反应前的 47.4% 下降到反应 6 次后的 46.1%，而 Fe（Ⅲ）含量从使用前的 52.6% 增加到反应 6 次后的 53.9%。图 7-22（d）为反应前和反应 6 次后复合阴极的 Co 2p 高分辨率光谱，Co（Ⅱ）含量从反应前的 38.6% 下降到反应后的 37.2%，而 Co（Ⅲ）的含量从反应前的

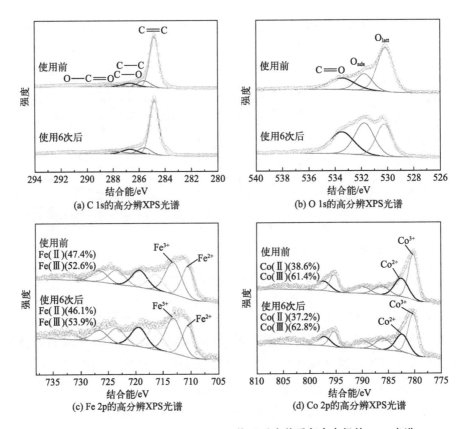

图 7-22　EO/FeO-CoFeO/GF＋PDS 体系反应前后复合电极的 XPS 光谱

61.4%增加到反应后的 62.8%。金属价态含量的变化表明 Fe（Ⅱ）/Fe（Ⅲ）和 Co（Ⅱ）/Co（Ⅲ）都参与了催化反应，反应前后催化组分含量的微小变化进一步证明了在 EO/FeO-CoFeO/GF＋PDS 体系中复合阴极优异的稳定性。

　　为进一步揭示电活化和过渡金属活化 PDS 的原理，以及电场在过渡金属活化 PDS 中的作用，对 FeO-CoFeO/GF＋PDS 体系反应前后的 FeO-CoFeO/GF 进行 XPS 分析，结果如图 7-23 所示（书后另见彩图）。由图 7-23（a）可知，在 FeO-CoFeO/GF＋PDS 体系中，Fe（Ⅱ）含量从反应前的 47.1% 下降到反应后的 42.6%，Fe（Ⅲ）含量从反应前的 52.9% 增加到反应后的 57.4%。Co（Ⅱ）的含量从反应前的 39.2% 下降到反应后的 33.1%，而 Co（Ⅲ）的含量从使用前的 60.8% 增加到使用后的 66.9%［图 7-23（b）］。在 FeO-CoFeO/GF＋PDS 体系中，反应前后 FeO-CoFeO/GF 表面不同价态金属含量的增减幅度远大于有电场参与的 EO/FeO-CoFeO/GF＋PDS 体系，表明电场的引入建立了金属组分间的循环，促进了低价金属组分的再生，因此元素含量变化较小。

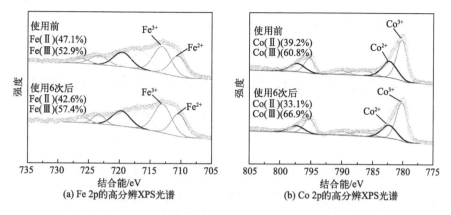

图 7-23　FeO-CoFeO/GF＋PDS 体系反应前后复合电极的 XPS 光谱

　　基于自由基淬灭实验、EPR 测试、反应前后电极的 XPS 光谱分析，推测 EO/FeO-CoFeO/GF＋PDS 体系的催化机理如图 7-24（书后另见彩图）所示。阿特拉津可被阳极氧化降解，PDS 在阴极直接获得电子生成 $SO_4^- \cdot$（式1-4），Fe（Ⅱ）和 Co（Ⅱ）与 PDS 反应生成 Fe（Ⅲ）和 Co（Ⅲ），在电场作用下，接受电子的 Fe（Ⅲ）和 Co（Ⅲ）被还原，构建 Fe（Ⅱ）$\Longleftrightarrow$ Fe（Ⅲ）和 Co（Ⅱ）$\Longleftrightarrow$ Co（Ⅲ）氧化还原循环。Fe（Ⅱ）$\Longleftrightarrow$ Fe（Ⅲ）和 Co（Ⅱ）$\Longleftrightarrow$ Co（Ⅲ）激活 PDS 不断地生成 $SO_4^- \cdot$，$SO_4^- \cdot$ 可以进一步转化为 $\cdot OH$。O_2 经过二电子氧还原在 GF 表面产生 H_2O_2，然后 H_2O_2 在 Fe（Ⅱ）$\Longleftrightarrow$ Fe（Ⅲ）和 Co（Ⅱ）$\Longleftrightarrow$ Co（Ⅲ）的催化下原位生成 $\cdot OH$。此外，$O_2^- \cdot$ 由 O_2 的单电子氧还原生成，$O_2^- \cdot$ 可以发生

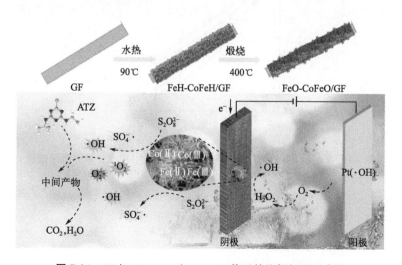

图 7-24　EO/FeO-CoFeO/GF＋PDS 体系的降解机理示意图

重组形成$^1O_2$。阿特拉津经多重途径实现降解，主要包括阳极氧化途径、自由基（$SO_4^-\cdot$、$\cdot OH$ 和 $O_2^-\cdot$）途径和非自由基（$^1O_2$）途径。

7.6　FeO-CoFeO/GF 复合阴极在不同实际水体中的应用研究

以不同实际水体（自来水、河水、生活污水）作为配水配制阿特拉津反应溶液，探究复合阴极在不同实际水体中对阿特拉津降解的适用性。由图 7-25 可以看出，以超纯水、自来水、河水和生活污水配制的溶液在反应 35min 时，阿特拉津的去除率分别为 100％、96.3％、83.6％和 78.7％。由于自来水中含有较少的杂离子，阿特拉津在降解过程中受到的影响较小。而在河水和生活污水中阿特拉津的去除率较差，可能是由于这两种水体中含有大量有机物和无机离子，与目标污染物竞争消耗自由基；也可能是由于其吸附在复合阴极表面上覆盖催化位点，从而导致阿特拉津的去除受到抑制。总的来看，该复合阴极构建体系在短时间（35min）内对自来水、生活污水和河水中阿特拉津的去除率均在 78％以上，表明该体系对实际废水中的阿特拉津有较好的去除效果。

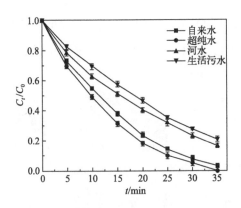

图 7-25　FeO-CoFeO/GF 复合阴极对不同水体中阿特拉津的降解情况

7.7 FeO-CoFeO/GF 复合阴极降解不同污染物的适用性研究

以典型农药类污染物敌草隆和医药类污染物阿莫西林、阿替洛尔、磺胺甲噁唑、磺胺二甲嘧啶、磷酸氯喹作为目标污染物，探究 FeO-CoFeO/GF 复合阴极降解不同有机污染物的适用性。由图 7-26 可知，上述 6 种污染物在 EO/FeO-CoFeO/GF＋PDS 体系中均实现高效去除。10mg/L 磷酸氯喹在反应 20min 时即可实现完全去除，反应速率常数为 $0.174min^{-1}$，阿莫西林和阿替洛尔在反应 25min 时的去除率为 100%，较难去除的污染物是磺胺二甲嘧啶，反应 30min 时去除率为 100%，反应速率常数为 $0.108min^{-1}$，表明 EO/FeO-CoFeO/GF＋PDS 体系对敌草隆、阿莫西林、阿替洛尔、磺胺甲噁唑、磺胺二甲嘧啶、磷酸氯喹均具有优异的去除效果。上述 6 种污染物的去除均在降解阿特拉津的最优条件下进行，考虑到不同污染物的性质及结构差异，可通过优化实验条件进一步加快上述污染物的去除。通过考察 EO/FeO-CoFeO/GF＋PDS 体系对不同实际水体中的阿特拉津以及不同类型污染物的降解情况，证实了 FeO-CoFeO/GF 复合阴极具有优异的普遍适用性。

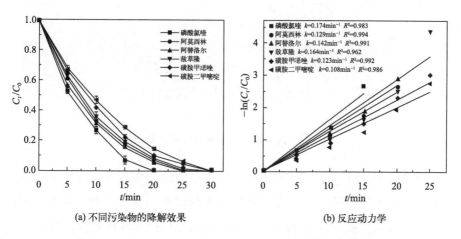

(a) 不同污染物的降解效果 (b) 反应动力学

图 7-26 FeO-CoFeO/GF 复合阴极对不同污染物的降解性能

7.8　阿特拉津降解产物及降解路径分析

在最佳条件下（溶液初始 pH 值为 5.9、阿特拉津初始浓度为 10mg/L、PDS 浓度为 1.0mmol/L、反应温度为 25℃、电流密度 3.0mA/cm²），本实验考察了体系中有机污染物的矿化程度（以 TOC 去除率代表矿化率），结果如图 7-27 所示。阿特拉津可在 35min 内完全去除，而在相同时间内的 TOC 去除率仅为 36.0%，矿化率明显低于阿特拉津的去除率，这说明阿特拉津虽被降解，但是在降解过程中生成了许多小分子中间产物，仅有部分有机物被完全矿化为 H_2O 和 CO_2。延长反应时间至 315min 时，矿化率可达 93.3%，说明延长反应时间，中间产物也能被有效降解。由矿化率曲线可知，相同时间间隔内的 TOC 去除率涨幅呈现先快后慢的趋势，这是因为体系中的活性氧物种优先攻击易降解的中间产物，TOC 的去除率在前期增加较快，而随着一些难降解中间产物的增多，TOC 的去除率增幅变得较为缓慢。

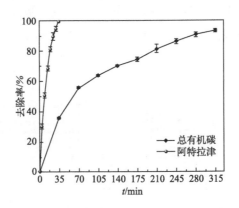

图 7-27　阿特拉津的去除率和矿化率分析

在阳极氧化、$SO_4^-\cdot$、$\cdot OH$、$O_2^-\cdot$ 和 $^1O_2$ 的综合作用下，阿特拉津被逐渐降解并转化为多种中间产物。采用液相色谱-质谱联用仪对阿特拉津的中间产物进行检测，根据检测到的 15 种中间产物推测阿特拉津的降解路径，如图 7-28 所示。阿特拉津的侧链和苯环上的氯原子是容易被攻击的位点，C—Cl 键的长度比其他键长，导致 C—Cl 键的结构稳定性较低[28]。在路径（Ⅰ）中，发生脱氯-羟基化反应生成中间产物 P1（$m/z = 198$），该中间产物可通过脱烷基化进一步转

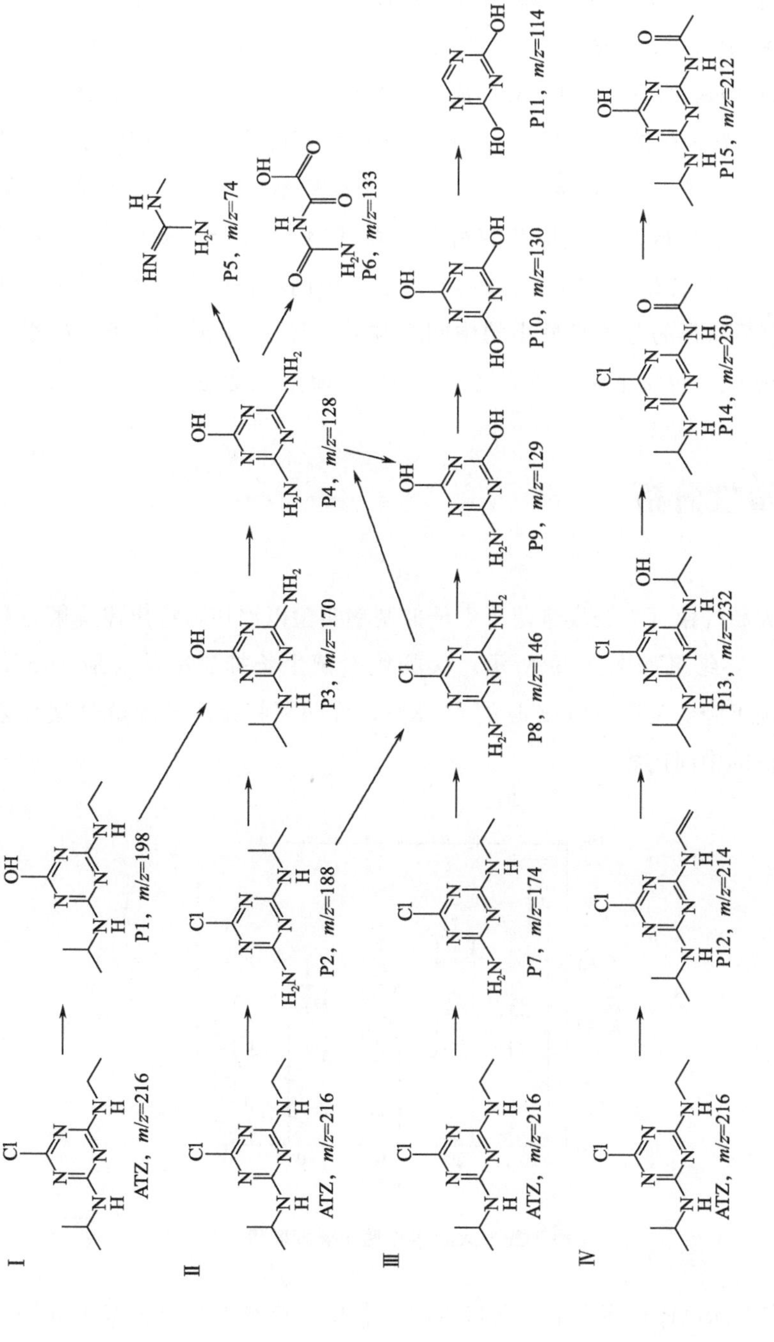

图7-28　EO/FeO-CoFeO/GF+PDS体系中的阿特拉津降解路径分析

化为 P3（$m/z=170$）；在路径（Ⅱ）中，阿特拉津经烷基化和脱氯-羟基化反应，形成 P2（$m/z=188$）、P3（$m/z=170$）和 P4（$m/z=128$），P4 进一步氧化得到开环中间产物 P5（$m/z=74$）和 P6（$m/z=133$）[29]；在路径（Ⅲ）中，阿特拉津经脱烷基化反应形成 P7（$m/z=174$）和 P8（$m/z=146$），然后经脱氯-羟基化和脱氨-羟基化等一系列反应形成中间产物 P11（$m/z=114$）；路径（Ⅳ）主要涉及阿特拉津侧链上的反应，阿特拉津发生烯烃化和羟基化转化为 P12（$m/z=214$）和 P13（$m/z=232$），P13 由于结构不稳定极容易受到活性氧物种的攻击，P13 发生羰基化反应生成醛副产物 P14（$m/z=230$）[30]，P14 通过脱氯-羟基化进一步转化为 P15（$m/z=212$）。对中间产物进行检测分析后发现，经 35min 降解后所得的分子量最小的中间产物是 P5。阿特拉津的降解过程主要包括脱氯-羟基化、脱烷基化、羟基化、羰基化、烯化、脱氨-羟基化等一系列反应。

7.9　毒性分析

进行大肠杆菌（大肠埃希菌）生长抑制率实验以评估阿特拉津降解过程中的毒性变化[31]，结果如图 7-29 所示。大肠埃希菌生长抑制率从反应 10min 时的 81.6% 逐渐下降到反应 50min 时的 40.8%，说明阿特拉津经降解处理逐渐转化为毒性较低的中间产物。

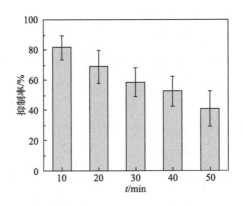

图 7-29　大肠埃希菌生长抑制率

通过 ECOSAR 程序评估了阿特拉津及其中间产物对鱼类、水蚤和绿藻的急性毒性和慢性毒性，结果如图 7-30 所示，大多数中间产物的半致死浓度或生长

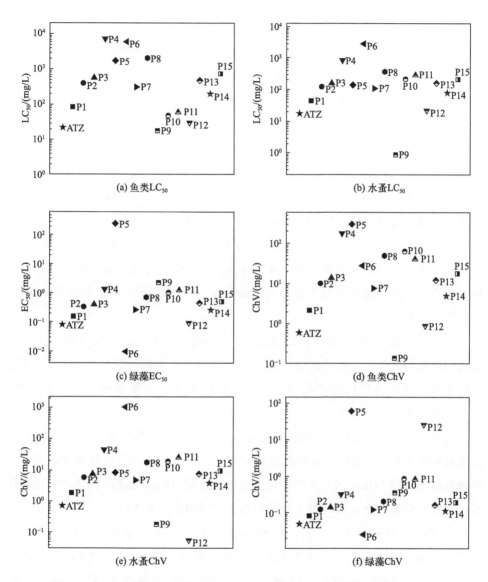

图 7-30　阿特拉津及其中间产物对鱼类、水蚤和绿藻的急性和慢性毒性预测

抑制浓度高于阿特拉津，表明在降解过程中形成了毒性较低的中间产物。阿特拉津及其中间产物对鱼类、水蚤和绿藻的毒性水平存在差异，开环后的小分子中间产物 P5 对绿藻的急慢性毒性水平很低，对鱼类的急性、慢性毒性及水蚤的急性毒性均表现出无害；开环后的中间产物 P6 对绿藻的急性、慢性毒性较大，然而 P6 对鱼类和水蚤的急性、慢性毒性远低于阿特拉津，甚至对水蚤表现出无害，可见绿藻对中间产物的毒性变化最为敏感；中间产物 P9 含有酚胺基团，对鱼类和水蚤的急性、慢性毒性相比阿特拉津有所增加，但对绿藻的急性、慢性毒性远低于阿特拉津。此外，产生了大量对鱼类和水蚤无毒的中间产物（如 P2、P3、P4、P5、P6、P7、P8、P13、P14、P15 等）。与母体化合物阿特拉津相比，通过脱烷基化、脱氯-羟基化、羰基化和羟基化获得的中间产物对鱼类、水蚤和绿藻的毒性通常较小。结合大肠埃希菌生长抑制率实验可知，阿特拉津经降解后生物毒性逐渐降低。

综上所述，本章采用溶剂热-煅烧法制备了 FeO-CoFeO/GF 复合阴极，采用SEM、TEM、XRD、XPS、FTIR、TG-DSC 等表征手段和电化学测试对复合材料的表面形貌、微观结构、晶体结构、表面元素组成、官能团结构、热稳定性、电化学性能等进行分析。以 FeO-CoFeO/GF 为阴极，构建了电活化 PDS 高级氧化体系（EO/FeO-CoFeO/GF＋PDS），探究了不同实验条件对阿特拉津降解的影响，考察了复合阴极的稳定性、适用性并推测了体系的催化反应机理，检测了阿特拉津的降解产物并提出了合理的降解路径，评估了降解过程中的毒性变化。主要结论如下。

① FeO-CoFeO/GF 复合阴极的最佳制备条件为：金属盐浓度为 25mmol/L、金属钴盐与金属铁盐的物质的量比为 2∶1、在空气中的煅烧温度为 400℃。复合阴极上负载海胆状结构的催化组分。FeO-CoFeO/GF 阴极的比表面积是 FeH-CoFeH/GF 电极比表面积的 8.6 倍。

② FeO-CoFeO/GF 复合阴极在电场参与的条件下，反应 35min 时的阿特拉津去除率为 100％，反应速率常数为 $0.098min^{-1}$，去除率和反应速率常数远高于单独电活化（EF/GF＋PDS）和单独过渡金属活化（FeO-CoFeO/GF＋PDS）体系，表明电场与过渡金属发挥了协同作用，协同因子为 6.13。

③ EO/FeO-CoFeO/GF＋PDS 体系在较宽的 pH 值范围（3.0～9.0）内表现出良好的催化活性，反应 35min 时的阿特拉津去除率均在 90％ 以上；HA、无机阴离子（HCO_3^-、NO_3^-、$H_2PO_4^-$、Cl^-）和无机阳离子（Ca^{2+}、Mg^{2+}）对阿特拉津的降解产生了不同程度的抑制。相同浓度的无机阴离子对阿特拉津降解的抑制顺序为：$HCO_3^- > NO_3^- > H_2PO_4^- > Cl^-$。

④ FeO-CoFeO/GF 复合阴极连续运行 6 个循环后仍保持良好的稳定性，复合阴极经 6 次循环后的阿特拉津去除率高达 90.6％，延长反应时间至 315min时，矿化率为 93.3％。复合阴极对不同实际水体中的阿特拉津以及典型农药类（敌草隆）和医药类污染物（阿莫西林、阿替洛尔、磺胺甲噁唑、磺胺二甲嘧啶、磷酸氯喹）均呈现出良好的降解效果，具有广泛的适用性。

⑤ EO/FeO-CoFeO/GF＋PDS 体系中的活性氧物种为 $SO_4^-\cdot$、$\cdot OH$、$O_2^-\cdot$ 和 $^1O_2$。EO/FeO-CoFeO/GF＋PDS 体系中复合阴极表面的不同价态金属含量的增减幅度远小于 FeO-CoFeO/GF＋PDS 体系中复合阴极金属含量的增减幅度，电场促进了低价金属组分的再生，构建了 Fe（Ⅱ）$\Longleftrightarrow$ Fe（Ⅲ）和 Co（Ⅱ）$\Longleftrightarrow$ Co（Ⅲ）循环。

⑥ 共检测到 15 种降解产物，并提出 4 条降解路径，降解过程主要包括脱氯-羟基化、脱烷基化、羟基化、羰基化、烯化、脱氨-羟基化等反应；大肠埃希菌生长抑制率实验结合 ECOSAR 程序可知，阿特拉津经降解后对大肠埃希菌的毒性逐渐降低，大部分中间产物对鱼类、水蚤和绿藻的急性毒性和慢性毒性降低。

参考文献

[1] Gong C, Chen F, Yang Q, et al. Heterogeneous activation of peroxymonosulfate by Fe-Co layered doubled hydroxide for efficient catalytic degradation of Rhodamine B [J]. Chemical Engineering Journal, 2017, 321: 222-232.

[2] Zhang H M, Jia Q Z, Yan F Y, et al. Heterogeneous activation of persulfate by CuMgAl layered double oxide for catalytic degradation of sulfameter [J]. Green Energy & Environment, 2022, 7 (1): 105-115.

[3] Guo R, Li Y, Chen Y, et al. Efficient degradation of sulfamethoxazole by CoCu LDH composite membrane activating peroxymonosulfate with decreased metal ion leaching [J]. Chemical Engineering Journal, 2021, 417: 127887.

[4] 薛天山. 类水滑石衍生钴铁混合氧化物催化剂的制备及氧化甲苯性能研究 [D]. 北京：北京林业大学, 2020.

[5] Li X, Kou Z, Xi S, et al. Porous $NiCo_2S_4$/FeOOH nanowire arrays with rich sulfide/hydroxide interfaces enable high OER activity [J]. Nano Energy, 2020, 78: 105230.

[6] Zhu R L, Zhu Y P, Xian H Y, et al. CNTs/ferrihydrite as a highly efficient heterogeneous Fenton catalyst for the degradation of bisphenol A: The important role of CNTs in accelerating Fe（Ⅲ）/Fe（Ⅱ）cycling [J]. Applied Catalysis B: Environmental, 2020, 270: 118891.

[7] Hong P D, Li Y L, He J Y, et al. Rapid degradation of aqueous doxycycline by surface $CoFe_2O_4/H_2O_2$ system: Behaviors, mechanisms, pathways and DFT calculation [J]. Applied Surface Science, 2020, 526: 146557.

[8] Tang S, Zhao M, Yuan D, et al. $MnFe_2O_4$ nanoparticles promoted electrochemical oxidation coupling with persulfate activation for tetracycline degradation [J]. Separation and Purification Technology, 2021, 255: 117690.

［9］ Xie W H, Shi Y L, Wang Y X, et al. Electrospun iron/cobalt alloy nanoparticles on carbon nano fibers towards exhaustive electrocatalytic degradation of tetracycline in wastewater ［J］. Chemical Engineering Journal, 2021, 405: 126585.

［10］ Taher T, Putra R, Palapa N R, et al. Preparation of magnetite-nanoparticle-decorated NiFe layered double hydroxide and its adsorption performance for congo red dye removal ［J］. Chemical Physics Letters, 2021, 777: 138712.

［11］ Yang Z, Li X, Huang Y, et al. Facile synthesis of cobalt-iron layered double hydroxides nanosheets for direct activation of peroxymonosulfate (PMS) during degradation of fluoroquinolones antibiotics ［J］. Journal of Cleaner Production, 2021, 310: 127584.

［12］ Qiao Y, Li Q, Chi H, et al. Methyl blue adsorption properties and bacteriostatic activities of Mg-Al layer oxides via a facile preparation method ［J］. Applied Clay Science, 2018, 163: 119-128.

［13］ Li Q, Man P, Yuan L, et al. Ruthenium supported on CoFe layered double oxide for selective hydrogenation of 5-hydroxymethylfurfural ［J］. Molecular Catalysis, 2017, 431: 32-38.

［14］ Wu H, Zhao Z, Wu G. Facile synthesis of FeCo layered double oxide/raspberry-like carbon microspheres with hierarchical structure for electromagnetic wave absorption ［J］. Journal of Colloid and Interface Science, 2020, 566: 21-32.

［15］ Cheng M, Liu Y, Huang D, et al. Prussian blue analogue derived magnetic Cu-Fe oxide as a recyclable photo-Fenton catalyst for the efficient removal of sulfamethazine at near neutral pH values ［J］. Chemical Engineering Journal, 2019, 362: 865-876.

［16］ Wen M, Liu H Q, Zhang F, et al. Amorphous FeNiPt nanoparticles with tunable length for electrocatalysis and electrochemical determination of thiols ［J］. Chemical Communications, 2009, (30): 4530-4532.

［17］ Wang S, Zhou N. Removal of carbamazepine from aqueous solution using sono-activated persulfate process ［J］. Ultrasonics Sonochemistry, 2016, 29: 156-162.

［18］ Luo C W, Wu D J, Gan L, et al. Oxidation of Congo red by thermally activated persulfate process: Kinetics and transformation pathway ［J］. Separation and Purification Technology, 2020, 244: 116839.

［19］ Oyekunle D I T, Wu B B, Luo F, et al. Synergistic effects of Co and N doped on graphitic carbon as an in situ surface-bound radical generation for the rapid degradation of emerging contaminants ［J］. Chemical Engineering Journal, 2021, 421: 129818.

［20］ Li Z, Wang F, Zhang Y, et al. Activation of peroxymonosulfate by $CuFe_2O_4$-$CoFe_2O_4$ composite catalyst for efficient bisphenol a degradation: Synthesis, catalytic mechanism and products toxicity assessment ［J］. Chemical Engineering Journal, 2021, 423: 130093.

［21］ Wang S, Liu H, Wang J. Nitrogen, sulfur and oxygen co-doped carbon-armored Co/Co_9S_8 rods (Co/Co_9S_8@N-S-O-C) as efficient activator of peroxymonosulfate for sulfamethoxazole degradation ［J］. Journal of Hazardous Materials, 2020, 387: 121669.

［22］ Xu X, Qin J, Wei Y, et al. Heterogeneous activation of persulfate by $NiFe_{2-x}Co_xO_4$-RGO for oxidative degradation of bisphenol A in water [J]. Chemical Engineering Journal, 2019, 365: 259-269.

[23] Sun Z, Liu X, Dong X, et al. Synergistic activation of peroxymonosulfate via in situ growth Fe-Co_2O_4 nanoparticles on natural rectorite: Role of transition metal ions and hydroxyl groups [J]. Chemosphere, 2021, 263: 127965.

[24] Li J, Xu M, Yao G, et al. Enhancement of the degradation of atrazine through $CoFe_2O_4$ activated peroxymonosulfate (PMS) process: Kinetic, degradation intermediates, and toxicity evaluation [J]. Chemical Engineering Journal, 2018, 348: 1012-1024.

[25] Neta P, Huie R E, Ross A B. Rate constants for reactions of inorganic radicals in aqueous-solution [J]. Journal of Physical and Chemical Reference Data, 1988, 17 (3): 1027-1284.

[26] Wang J, Wang S. Effect of inorganic anions on the performance of advanced oxidation processes for degradation of organic contaminants [J]. Chemical Engineering Journal, 2021, 411: 128329.

[27] Yin H, Yang Q, Yao F, et al. Efficient degradation of bisphenol A via peroxydisulfate activation using in-situ N-doped carbon nanoparticles: Structure-function relationship and reaction mechanism [J]. Journal of Colloid and Interface Science, 2021, 586: 551-562.

[28] Chen C, Yang S, Guo Y, et al. Photolytic destruction of endocrine disruptor atrazine in aqueous solution under UV irradiation: Products and pathways [J]. Journal of Hazardous Materials, 2009, 172 (2-3): 675-684.

[29] Teng X, Li J, Wang J, et al. Effective degradation of atrazine in wastewater by three-dimensional electrochemical system using fly ash-red mud particle electrode: Mechanism and pathway [J]. Separation and Purification Technology, 2021, 267: 128392.

[30] Li J, Yan J, Yao G, et al. Improving the degradation of atrazine in the three-dimensional (3D) electrochemical process using $CuFe_2O_4$ as both particle electrode and catalyst for persulfate activation [J]. Chemical Engineering Journal, 2019, 361: 1317-1332.

[31] Hu Y, Chen D, Zhang R, et al. Singlet oxygen-dominated activation of peroxymonosulfate by passion fruit shell derived biochar for catalytic degradation of tetracycline through a non-radical oxidation pathway [J]. Journal of Hazardous Materials, 2021, 419: 126495.

第 8 章

铁基催化剂性能
比较及展望

8.1　铁基催化剂性能比较

8.1.1　镍铁基催化剂

本研究合成了氮掺杂石墨碳镍基催化剂（Ni@NC）、氮掺杂石墨碳铁基催化剂（Fe@NC）、NiFe$_2$O$_4$ 催化剂，与 NiFe@NC 的催化性能进行比较。具体的合成步骤如下。

Ni@NC 的合成：将 0.0285g NiCl$_2$·6H$_2$O 溶于 40mL 去离子水中，然后添加 0.2g PVP 并搅拌 30min。将 0.0263g K$_3$[Fe(CN)$_6$] 溶解在相同体积的去离子水中，然后添加到上述 NiCl$_2$ 溶液中，搅拌 30min。混合物充分混合后在 25℃下陈化 24h。所得沉淀物离心后，用乙醇和去离子水彻底清洗，然后在 80℃ 的真空干燥箱中干燥。将干燥后的沉淀物磨成粉末，在 600℃ 氮气气氛下煅烧 2h。

Fe@NC 的合成：将 0.0152g 氯化亚铁（FeCl$_2$）在 40mL 去离子水中溶解，然后加入 0.2g PVP 并搅拌 30min。将 0.0263g K$_3$[Fe(CN)$_6$] 溶解在 40mL 去离子水中，然后添加到上述 FeCl$_2$ 溶液中，搅拌 30min。混合物充分混合后在 25℃下陈化 24h，然后在 80℃ 的真空干燥烘箱中干燥。将干燥后的沉淀物磨成粉末，在 600℃ 氮气气氛下煅烧 2h。

NiFe$_2$O$_4$ 的合成：将 0.7131g NiCl$_2$·6H$_2$O 和 1.6218g 六水合氯化铁（FeCl$_3$·6H$_2$O）溶于 60mL 乙二醇中，超声处理后溶液呈透明棕色。再加入 2.3124g 乙酸钠，磁力搅拌后溶液呈均匀的深棕色。随后，将深棕色溶液转移到高压釜中，在 200℃ 的烘箱中放置 12h。反应结束后，将沉淀离心，反应器冷却至室温后，用去离子水和乙醇清洗。离心沉淀用去离子水和乙醇洗涤数次。最后，将得到的黑色磁粉样品在 60℃ 的烘箱中干燥。

将合成的 Ni@NC、Fe@NC 和 NiFe$_2$O$_4$ 磁性材料作为非均相催化剂，在相同条件下考察不同催化剂对 PMS 的活化能力，以阿特拉津的去除作为参考指标，实验结果如图 8-1 所示。NiFe$_2$O$_4$ 的催化性能低于 NiFe@NC，表明合金催化剂比金属氧化物催化剂具有更强的催化能力。Ni@NC、Fe@NC 和 Ni@NC、Fe@NC 的物理混合物（Ni&Fe@NC）的催化性能低于 NiFe@NC，说明 Ni 和 Fe 之间存在协同作用关系，合金催化剂的性能优于单纯物理混合物的性能，制备的氮掺杂石墨碳镍铁基催化剂具有出色的催化能力。

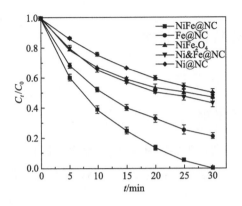

图 8-1   不同催化材料性能比较

8.1.2   钴铁基壳聚糖碳化微球催化剂

在热解温度为 600℃ 的条件下制备了三种粉末催化剂，分别为 CoFe@NC、Co@NC 和 Fe@NC，考察在没有 CCM 包裹的情况下金属粉末的催化能力。根据平行重量实验得出 CoFe@NC/CCM 上的 CoFe@NC 的实际质量占比约为 32.5%，因此在本实验中金属催化粉末的投加量为 3.25mg。由图 8-2（a）可知，以 CoFe@NC 为催化剂，反应 30min 时，阿特拉津的去除率为 100%，而以 Co@NC 和 Fe@NC 为催化剂，50min 时的阿特拉津去除率分别为 100% 和 84.3%，结合反应速率常数 ［图 8-2（b）］ 可知，金属粉末催化剂的催化性能顺序为 CoFe@NC（$0.101min^{-1}$）＞ Co@NC（$0.082min^{-1}$）＞ Fe@NC（$0.038min^{-1}$），表明双金属粉末（CoFe@NC）对阿特拉津的降解能力优于单金属粉末

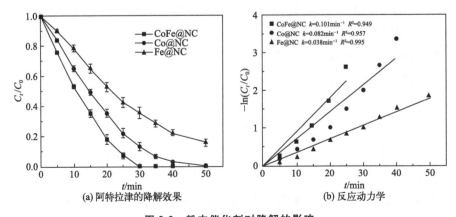

(a) 阿特拉津的降解效果   (b) 反应动力学

图 8-2   粉末催化剂对降解的影响

（Co@NC 和 Fe@NC），Co 和 Fe 的协同作用可以更有效地催化 PMS 产生活性氧物种。

此外，对 CCM、Fe@NC/CCM、Co@NC/CCM、CoFe@NC/CM、CoFe@NC/CCM 五种催化剂的催化活性进行考察，在相同条件下降解阿特拉津，得到实验结果如图 8-3 所示。

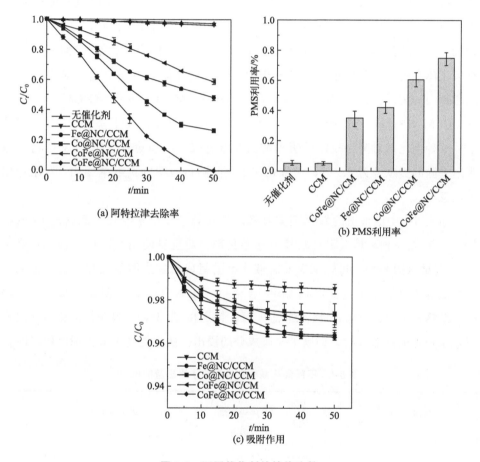

(a) 阿特拉津去除率

(b) PMS 利用率

(c) 吸附作用

图 8-3　不同催化剂的性能比较

由图 8-3（a）可知，单独的 PMS 在反应 50min 时仅去除了约 2.6％的阿特拉津，表明 PMS 的氧化能力有限，无法有效产生活性氧物种；当 CCM 和 PMS 共存时，阿特拉津的去除没有明显增加，表明不含金属催化组分的 CCM 无法激活 PMS 降解阿特拉津；以 CoFe@NC/CM、Fe@NC/CCM 和 Co@NC/CCM 为催化剂，反应 50min 时，阿特拉津的去除率分别为 41.1％、50.4％和 73.7％；当 CoFe@NC/CCM 和 PMS 共存时，阿特拉津的去除率显著提高，阿特拉津在反应 50min 时的去除率为 100％。与未碳化的 CoFe@NC/CM 相比，碳化后的 CoFe@NC/CCM 暴露了更多催化位点；与单金属催化剂 Co@NC/CCM 和 Fe@NC/CCM 相比，CoFe@NC/CCM 具有最优的催化活性，证明了 Co 和 Fe 的协同作用。PMS 的利用率也能反映催化剂的活性，本实验研究了不同催化体系中 PMS 的利用率，如图 8-3（b）所示。单独 PMS 体系中 PMS 的利用率为 0.05％，几乎可以忽略；当以 CCM、Fe@NC/CCM、Co@NC/CCM、CoFe@NC/CM 和 CoFe@NC/CCM 为催化剂时，体系中的 PMS 利用率分别为 5.1％、34.7％、42.2％、60.7％和 74.6％，表明以 CoFe@NC/CCM 作为催化剂构建的 PMS 高级氧化体系的催化能力远高于其他催化剂的催化性能。Cs 常用作吸附材料，因此考察了 CCM、Fe@NC/CCM、Co@NC/CCM、CoFe@NC/CM、CoFe@NC/CCM 对阿特拉津的吸附能力。由图 8-3（c）可知，在不添加 PMS 的情况下，五种催化剂对阿特拉津的吸附能力非常有限，CoFe@NC/CCM 对阿特拉津吸附去除的贡献率为 3.7％，与催化作用去除阿特拉津的贡献率相比，吸附作用可以忽略。

与表 8-1 中已报道的催化剂重复稳定性及离子浸出量相比，制备的 CoFe@NC/CCM 是一种环境友好且较稳定的催化剂。对重复使用 5 次后的催化剂进行 XRD 测试（图 8-4），可知反应前后催化剂的组成未发生明显变化，良好的稳定性可能源于以下 2 个方面：a. CoFe 合金封装在 N 掺杂的石墨碳中形成了"核壳"结构；b. CoFe@NC 颗粒通过—NH₂ 锚定在 Cs 上，通过碱性凝胶碳化过程形成了稳定的球形结构，抑制了金属成分的浸出，从而提高了催化剂的稳定性。

表 8-1 不同催化剂稳定性及离子浸出量的比较

催化剂类型	催化剂用量/（g/L）	PMS浓度/（mmol/L）	阿特拉津浓度	去除率/%	离子浸出量/（mg/L）	稳定性
CoFe₂O₄[1]	0.4	0.8	10mg/L	＞99	[Co] = 0.68 [Fe] = 0.10	重复 5 次去除率 65%
nZVI/GR[2]	0.1	1.0	10mg/L	100	[Fe] = 17.21	重复 3 次去除率 84.7%
PS-Fe₂O₃-2[3]	0.4	0.6	5μmol/L	100	[Fe] = 2.2	重复 3 次去除率 90%
CoFe@NC/CCM	0.1	0.4	10mg/L	100	未检出	重复 5 次去除率 86.7%

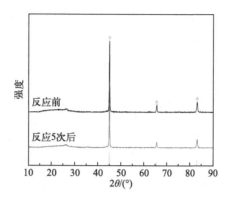

图 8-4　催化剂反应前后的 XRD 图

8.1.3　钴铁基碳纳米管泡沫镍复合阴极

在曝气量为 0.6L/min、电流密度为 4.5mA/cm² 、阿特拉津初始浓度为 10mg/L、溶液初始 pH 值为 5.9 的条件下，比较了 CNTs/NF、Fe@NC-CNTs/CNTs/NF、Co@NC-CNTs/CNTs/NF、CoFe@NC/CNTs/NF、CoFe@NC-CNTs/CNTs/NF 五种阴极对阿特拉津的降解性能，如图 8-5（a）所示。当以未经金属修饰的 CNTs/NF 作为阴极时，阿特拉津在反应 105min 时的去除率为 61.6％，阿特拉津的去除主要归因于阳极氧化和体系中产生的 H_2O_2；未将 CoFe@NC 锚定在 CNTs 上制备的 CoFe@NC/CNTs/NF 阴极，在反应 105min 时，阿特拉津的去除率为 80.2％；而将 CoFe@NC 锚定在 CNTs 上制备的 CoFe@NC-CNTs/CNTs/NF 复合阴极，可以在 105min 内实现阿特拉津的完全去除，其去除率高于 CoFe@NC/CNTs/NF 阴极，可能是因为 CNTs 构建了丰富的导电网络，加快了 CNTs 与金属组分的电子转移；而当使用单金属修饰的电极 Fe@NC-CNTs/CNTs/NF 和 Co@NC-CNTs/CNTs/NF 作为阴极，反应 105min 时，阿特拉津的去除率分别为 75.8％和 68.8％，低于双金属修饰的 CoFe@NC-CNTs/CNTs/NF 阴极对阿特拉津的去除率，可见双金属修饰的电极比单金属修饰的电极具有更优异的催化性能，可能是因为双金属修饰的电极形成了 Co（Ⅱ）/Co（Ⅲ）和 Fe（Ⅱ）/Fe（Ⅲ）循环，实现了金属价态转化，发挥了协同作用。

本研究还考察了上述五种阴极分解 H_2O_2 的能力，测试前，为防止在阴极原位生成 H_2O_2，将高纯氮气（99.9％）鼓入反应液（200mg/L H_2O_2 溶液＋50mmol/L Na_2SO_4 溶液）中，并且在整个实验过程中持续鼓入氮气以排除溶液

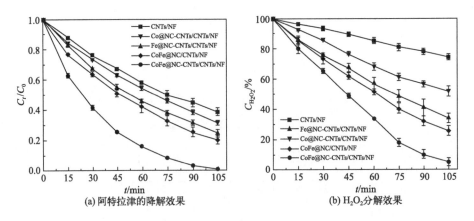

(a) 阿特拉津的降解效果　　　　　　(b) H_2O_2 分解效果

图 8-5　不同阴极对阿特拉津降解及 H_2O_2 分解效果的影响

中的溶解氧。由图 8-5（b）可知，未经金属修饰的电极 CNTs/NF 在反应 105min 时分解了 25.7% 的 H_2O_2，这可能是由于体系中的 H_2O_2 发生了自分解；而经金属修饰的电极在相同的时间内分解 H_2O_2 的能力明显增强，尤其是 CoFe@ NC-CNTs/CNTs/NF 阴极，在反应 105min 时，体系中 H_2O_2 只有 4.98%，表明双金属修饰阴极表现出比单金属修饰阴极更高的阿特拉津去除率和催化 H_2O_2 的能力，不同阴极对 H_2O_2 分解程度的强弱与阿特拉津去除的快慢顺序一致，CoFe@ NC-CNTs/CNTs/NF 复合阴极具有最优的催化活性。

　　类电芬顿体系的主要问题之一在于应用的 pH 值范围较窄，因此，本研究比较了钴铁基碳纳米管泡沫镍复合阴极 CoFe@NC-CNTs/CNTs/NF 与目前报道的阴极的适用 pH 值范围。如表 8-2 所列，在近中性条件下，其他报道中的复合阴极对污染物的去除率普遍小于 90.0%，且降解用时更长，而 CoFe@ NC-CNTs/CNTs/NF 的复合阴极在碱性条件（pH＝9.0）下，反应 105min 时，去除率在 92% 以上，通过比较不同复合阴极适用的 pH 值范围进一步说明 CoFe@ NC-CNTs/CNTs/NF 在宽 pH 值范围内均具有优越的催化性能。

表 8-2　不同阴极应用的 pH 值范围比较

复合阴极	电流强度	初始 pH 值	反应时间/min	去除率/%
CoFe@NC-CNTs/CNTs/NF	4.5mA/cm²	3.0	75	100
		4.5		100
		5.9	105	100
		7.0		96.4
		9.0		92.6

续表

复合阴极	电流强度	初始 pH 值	反应时间/min	去除率/%
CFF/CNT 复合阴极[4]	40mA/cm²	3	120	98.1
		5		90.0
		7		72.2
Fe₃O₄/MWCNTs 复合阴极[5]	80mA	3	180	90.3
		11		29.4
Co/Fe₃O₄@PZS 电极[6]	10mA	2	120	99
		6		88
		9		67.7
Mn/Fe@PC 改性电极[7]	40mA	2	120	99.9
		7		88.1
		8		79.1
3.6-CCFO/CB@GF 复合阴极[8]	30mA	3	120	96.3
		4.5		90.9
		7		81.7
		9		65.1

8.1.4　铜铁基活性炭纤维复合阴极

本实验比较了 Pt 片、ACF 和 $CuFe_2O_4$@ACF 复合阴极在不同初始 pH 值和电流强度条件下降解阿特拉津的能力，如图 8-6 和图 8-7 所示。在不同初始 pH 值和电流密度条件下降解阿特拉津的能力由好到差依次为 $CuFe_2O_4$@ACF、ACF、Pt 片。ACF 阴极对阿特拉津的降解能力比 Pt 阴极强的原因可能是 ACF 具有三维多孔结构，拥有更大的比表面积，可与目标污染物及 PDS 充分接触，且表面有大量含氧官能团，有助于提高催化性能。$CuFe_2O_4$@ACF 复合阴极催化性能优于 ACF 阴极的原因在于过渡金属的修饰，PDS 在铁铜双金属、ACF 及电场的作用下被活化。

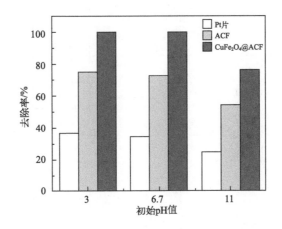

图 8-6   三种阴极在不同初始 pH 值条件下对阿特拉津的降解情况

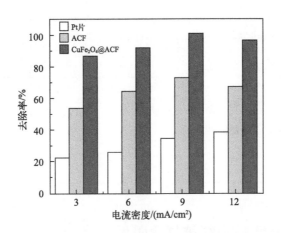

图 8-7   三种阴极在不同电流密度条件下对阿特拉津的降解情况

8.1.5   钴铁基石墨毡复合阴极

7.4.2 小节考察了 FeO-CoFeO/GF 复合阴极的重复稳定性，第 6 次循环在反应 35min 时的阿特拉津去除率为 90.6%，表现出优异的可循环性。表 8-3 为 FeO-CoFeO/GF 复合阴极电活化 PDS 体系的稳定性与目前报道的电活化 PDS/PMS 体系催化剂稳定性的比较，从表中可知，FeO-CoFeO/GF 复合阴极在更小的电流密度、更低的氧化剂浓度的条件下，可以更快速地降解目标污染物，且重复次数多，在第 6 次重复时的去除率在 90% 以上。

表 8-3　不同电活化 PDS/PMS 体系催化剂稳定性比较

复合阴极类型	反应条件			时间/min	去除率/%	稳定性
	电流密度	溶液 pH 值	氧化剂浓度			
Fe_3O_4[9]	$20mA/cm^2$	4.5	PDS 2mmol/L	60	86.53	重复 5 次去除率 63%
FeS_2[10]	200mA	4.2	PMS 0.2g/L	120	96.3	重复 4 次去除率 73.4%
Fe_3O_4[11]	$8.4mA/cm^2$	6.0	PDS 10mmol/L	90	84.9	重复 3 次去除率 95.3%
FeO-CoFeO/GF	$3.0mA/cm^2$	5.9	PDS 1mmol/L	35	100	重复 6 次去除率 90.6%

8.2　展望

8.2.1　存在问题

① 迄今为止，非均相催化剂对氧化剂活化的研究仅限于实验室规模的处理系统，未拓展到实际应用，未来的研究可以扩展到基于间歇或连续流反应器的可催化剂回收的多相催化反应器系统的设计。

② 在电化学高级氧化体系中，由于产生的活性氧物种类型多（$SO_4^-\cdot$、$\cdot OH$、$O_2^-\cdot$ 和 $^1O_2$）且转化复杂，难以对其产量及贡献程度进行精确定量，后续将进一步完善活性氧物种定量及转化等方面的内容。

③ 合成的铁基催化剂金属离子浸出量虽然达到了国家排放标准，但在实际应用中的用量势必会多于实验室层面的用量，为减少二次污染，需要采取措施如研制包裹型催化剂，进一步降低金属离子的浸出量。

8.2.2　铁基非均相催化剂体系研究展望

① 在铁基非均相体系中，解决 Fe（Ⅲ）向 Fe（Ⅱ）转化速度慢的问题非常重要。许多研究者在实验室水平上系统地研究了非均相 Fenton/类 Fenton 反应过程，但由于自由基在水中的寿命极短，因此非均相催化剂表面的自由基可能比溶液中的多。然而，体系中产生的活性氧物种并不一定完全转化为对目标污染物的等效降解。将污染物降解反应限制在一定的空间内，可以提高活性氧物种的利用

率。例如，纳米级核壳结构可以在很短的时间内达到很好的降解效果。虽然核壳纳米材料的制备通常比较复杂，但深入基于加速铁氧化还原循环在纳米空间尺寸上的研究具有重大意义。

② 铁基非均相催化剂被广泛应用于类 Fenton 氧化、催化臭氧化和过硫酸盐活化等领域，但单独的铁氧化物对氧化剂的活性相对较低。因此，在后续研究中，可从以下几方面改善铁基催化剂的催化活性：a. 通过合理的形态控制，促进铁基催化组分在负载材料基体中的均匀分散，增加活性位点，防止金属组分聚集成簇；b. 适当掺杂非金属组分（如氮、磷、硫等）或引入碳质材料（如石墨烯、生物质炭等），促进金属催化组分的氧化还原循环，同时增加表面官能团；c. 可引入有机螯合剂（如抗坏血酸、羟胺等），加速 Fe（Ⅲ）/Fe（Ⅱ）的转化；d. 利用外部能量（如光、电、热等）促进高价金属还原和氧化剂活化。

③ 需考虑复杂水体环境和环境风险的影响。为了评估铁基非均相催化剂在高级氧化体系中处理难降解有机污染物的可行性，必须保证系统可以有效处理真实废水。

8.2.3 铁基非均相催化剂应用展望

① 从处理过的水中回收催化剂的主要方法有 3 种，即沉淀、磁分离和膜分离。分散在溶液中的铁基非均相催化剂利用磁分离实现回收。重力沉降催化剂是最具成本效益的选择，但很难实现。一般来说，纳米催化剂的沉降速度较慢。非均相催化剂可以考虑固定在载体（ACF、GF 等）上，可应用于连续流处理系统。

② 铁基非均相催化剂在大规模实际应用中还面临着一些需要解决的问题，如降低处理的运行成本，进一步提高催化剂的催化活性和稳定性。在合成铁基非均相催化剂时应仔细考虑其在环境中实际应用的潜力和可持续性。

③ 毒性测试、生态风险评估和生命周期评价是确定铁基非均相催化剂生态友好性的必要条件。低生态毒性和低风险是催化剂进一步实际应用的基本要求。因此，探究有机污染物的矿化效率，评价催化剂的生态毒性以及有机污染物降解产生的氧化中间体，对实现铁基催化剂的进一步应用具有重要意义。

参考文献

[1] Li J，Xu M，Yao G，et al. Enhancement of the degradation of atrazine through CoFe$_2$O$_4$ activated

peroxymonosulfate（PMS）process：Kinetic，degradation intermediates，and toxicity evaluation ［J］. Chemical Engineering Journal，2018，348：1012-1024.

［2］Wu S，He H，Li X，et al. Insights into atrazine degradation by persulfate activation using composite of nanoscale zero-valent iron and graphene：Performances and mechanisms ［J］. Chemical Engineering Journal，2018，341：126-136.

［3］Zheng H，Bao J G，Huang Y，et al. Efficient degradation of atrazine with porous sulfurized Fe_2O_3 as catalyst for peroxymonosulfate activation ［J］. Applied Catalysis B：Environmental，2019，259：118056.

［4］Luo T，Feng H，Tang L，et al. Efficient degradation of tetracycline by heterogeneous electro-Fenton process using Cu-doped $Fe@Fe_2O_3$：Mechanism and degradation pathway ［J］. Chemical Engineering Journal，2020，382：122970.

［5］Cui L，Huang H，Ding P，et al. Cogeneration of H_2O_2 and ·OH via a novel Fe_3O_4/MWCNTs composite cathode in a dual-compartment electro-Fenton membrane reactor ［J］. Separation and Purification Technology，2020，237：116380.

［6］Zhou H，Dong H，Wang J，et al. Cobalt anchored on porous N，P，S-doping core-shell with generating/activating dual reaction sites in heterogeneous electro-Fenton process ［J］. Chemical Engineering Journal，2021，406：125990.

［7］Zhou X，Xu D，Chen Y，et al. Enhanced degradation of triclosan in heterogeneous E-Fenton process with MOF-derived hierarchical Mn/Fe@PC modified cathode ［J］. Chemical Engineering Journal，2020，384：123324.

［8］Cui L，Li Z，Li Q，et al. $Cu/CuFe_2O_4$ integrated graphite felt as a stable bifunctional cathode for high-performance heterogeneous electro-Fenton oxidation ［J］. Chemical Engineering Journal，2021，420：127666.

［9］Tang S，Zhao M，Yuan D，et al. Fe_3O_4 nanoparticles three-dimensional electro-peroxydisulfate for improving tetracycline degradation ［J］. Chemosphere，2021，268：129315.

［10］Chen X，Zhao N，Hu X. A novel strategy of pulsed electro-assisted pyrite activation of peroxymonosulfate for the degradation of tetracycline hydrochloride ［J］. Separation and Purification Technology，2022，280：119781.

［11］Lin H，Zhang H，Hou L. Degradation of C. I. Acid Orange 7 in aqueous solution by a novel electro/Fe_3O_4/PDS process ［J］. Journal of Hazardous Materials，2014，276：182-191.

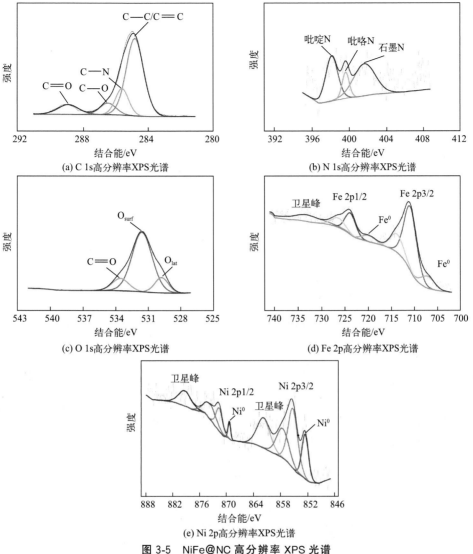

(a) C 1s高分辨率XPS光谱

(b) N 1s高分辨率XPS光谱

(c) O 1s高分辨率XPS光谱

(d) Fe 2p高分辨率XPS光谱

(e) Ni 2p高分辨率XPS光谱

图 3-5 NiFe@NC 高分辨率 XPS 光谱

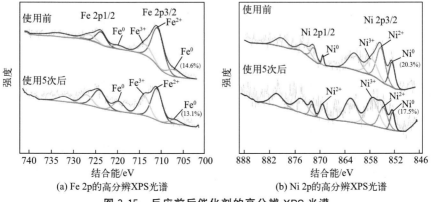

(a) Fe 2p的高分辨XPS光谱

(b) Ni 2p的高分辨XPS光谱

图 3-15 反应前后催化剂的高分辨 XPS 光谱

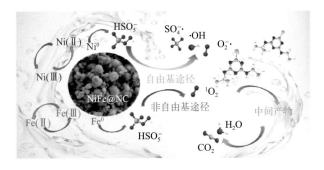

图 3-16　NiFe@NC/PMS 体系降解阿特拉津的催化机理

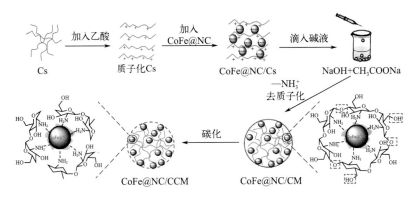

图 4-1　CoFe@NC/CCM 催化剂的制备机理

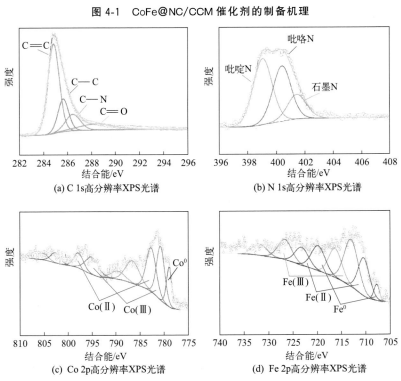

(a) C 1s高分辨率XPS光谱

(b) N 1s高分辨率XPS光谱

(c) Co 2p高分辨率XPS光谱

(d) Fe 2p高分辨率XPS光谱

图 4-6　CoFe@NC/CCM 高分辨率 XPS 光谱图

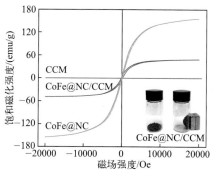

图 4-8　CCM、CoFe@NC 和 CoFe@NC/CCM 的磁滞回线

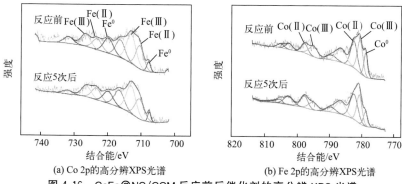

(a) Co 2p的高分辨XPS光谱 　　　　(b) Fe 2p的高分辨XPS光谱

图 4-16　CoFe@NC/CCM 反应前后催化剂的高分辨 XPS 光谱

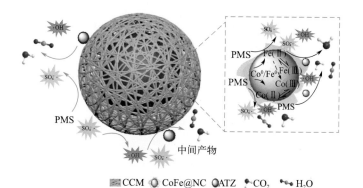

CCM　　CoFe@NC　　ATZ　　CO₂　　H₂O

图 4-17　PMS 主导的非均相高级氧化体系降解阿特拉津的催化机理

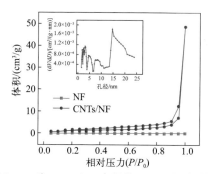

图 5-7　NF 和 CNTs/NF 电极的 N₂ 吸附-脱附曲线

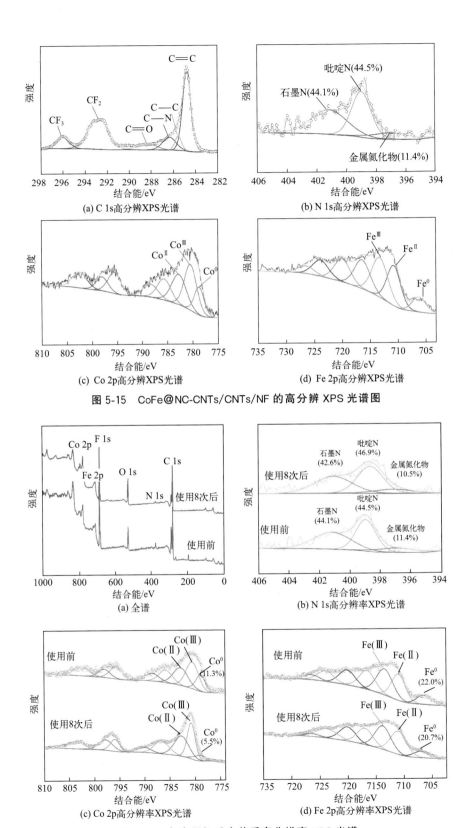

(a) C 1s高分辨XPS光谱

(b) N 1s高分辨XPS光谱

(c) Co 2p高分辨XPS光谱

(d) Fe 2p高分辨XPS光谱

图 5-15　CoFe@NC-CNTs/CNTs/NF 的高分辨 XPS 光谱图

(a) 全谱

(b) N 1s高分辨率XPS光谱

(c) Co 2p高分辨率XPS光谱

(d) Fe 2p高分辨率XPS光谱

图 5-26　复合阴极反应前后高分辨率 XPS 光谱

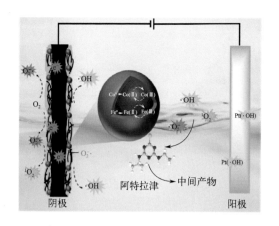

图 5-27　非均相 EF 体系的降解机理示意图

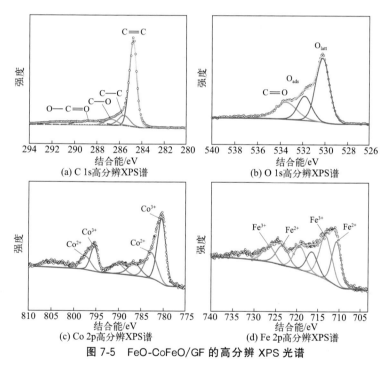

(a) C 1s高分辨XPS谱

(b) O 1s高分辨XPS谱

(c) Co 2p高分辨XPS谱

(d) Fe 2p高分辨XPS谱

图 7-5　FeO-CoFeO/GF 的高分辨 XPS 光谱

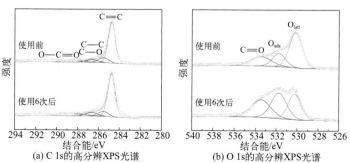

(a) C 1s的高分辨XPS光谱

(b) O 1s的高分辨XPS光谱

图 7-22

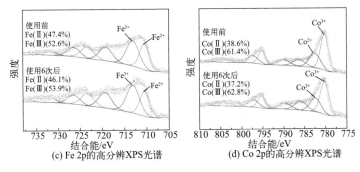

(c) Fe 2p的高分辨XPS光谱   (d) Co 2p的高分辨XPS光谱

图 7-22　EO/FeO-CoFeO/GF＋PDS 体系反应前后复合电极的 XPS 光谱

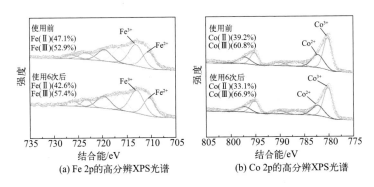

(a) Fe 2p的高分辨XPS光谱   (b) Co 2p的高分辨XPS光谱

图 7-23　FeO-CoFeO/GF＋PDS 体系反应前后复合电极的 XPS 光谱

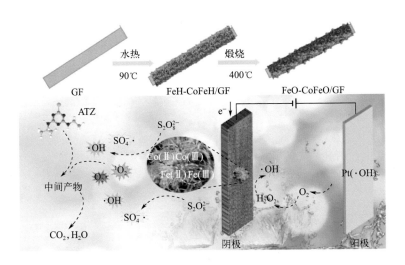

图 7-24　EO/FeO-CoFeO/GF＋PDS 体系的降解机理示意图